Edizioni PensareDiverso
Cenacolo Jung Pauli

CENACOLO
JUNG PAULI

Bruno Del Medico
Portada de Elisabetta Del Medico.

Del universo físico al cosmos metafísico. El entrelazamiento cuántico y la sincronicidad de Carl Jung

En camino a la era de la colaboración entre el espíritu y la materia.

Primera edición 2019: "Enredos cuánticos e inconsciente colectivo"
2ª Edición actualizada y ampliada 2022

.edizioni@delmedico.it

Contenido del libro.

Prefacio.

Este libro es la segunda edición muy ampliada del folleto anterior "Enredo cuántico y el inconsciente colectivo". Recoge las mejores contribuciones publicadas por el autor en sus blogs, redes sociales y sitios en italiano, traducidas al español.

El lector se sorprenderá de la originalidad de los argumentos. Del feliz matrimonio entre la física cuántica y el inconsciente colectivo de Carl Jung, nace una nueva metafísica del universo y emerge un lugar en el que materia y espíritu colaboran y se guían por sincronicidades cósmicas para conducir al hombre hacia increíbles proyectos evolutivos.

Carl Jung y Wolfgang Pauli trabajaron respectivamente en el campo de la psique y en el de la materia. Estos dos sectores se consideran absolutamente incompatibles entre sí. De hecho, el materialismo científico niega la existencia de cualquier componente psíquico en el universo conocido.

A pesar de la enorme distancia entre sus disciplinas, los dos científicos establecieron una colaboración que duró más de veinte años. Durante ese período nunca dejaron de buscar un "elemento unificador", capaz de conciliar, a nivel científico, las razones de la dimensión psíquica con las de la dimensión material.

Desafortunadamente, no lograron esto en su vida, pero fueron profetas de una nueva interpretación científica del universo. De hecho, la evolución del conocimiento en el campo de la física cuántica, y sobre todo las confirmaciones experimentales de fenómenos como el entrelazamiento cuántico, revalorizan sus teorías. Hoy surge con fuerza la idea de un universo que no se divide en “objetos materiales”. El universo no está dividido sino que consta de una sola realidad, compuesta de espíritu y materia. Esta es la realidad que Jung y Pauli llamaron "Unus mundus". La materia y la psique tienen la misma dignidad y juntas contribuyen a la existencia del universo.

La serie editorial “Cenacolo Jung Pauli” es un lugar de conocimiento y estudio. Creemos que es el entorno más adecuado para retomar el trabajo desde el punto en que lo dejaron Carl Jung y Wolfgang Pauli. Podemos afirmar que, hoy, la actualidad científica ennoblece sus investigaciones y las proyecta hacia interpretaciones aún más atrevidas de las que ellos mismos habían imaginado.

Carl Gustav Jung (1865-1961) fue un psicólogo y psicoterapeuta suizo, muy conocido por sus teorías sobre el inconsciente colectivo y la sincronicidad. Wolfgang Pauli (1900-1958) es uno de los padres de la física cuántica. Sobre Pauli podemos decir que en el año 1945 recibió el Premio Nobel por sus estudios sobre un principio básico de la mecánica cuántica, conocido como el "principio de exclusión de Pauli".

La historia comenzó así.

Comencemos con la experiencia de todos. Las extrañas coincidencias.

"¿He estado aquí antes?".

Las extrañas coincidencias son experiencias tan comunes que nadie cree que puedan dudar. Carl Gustav Jung habla de ello con un ejemplo:

> "Por casualidad, encuentro que mi boleto de tranvía tiene el mismo número de boleto que el teatro que compré inmediatamente después. Si durante la noche recibo una llamada telefónica en la que alguien me menciona ese mismo número, me parece poco probable que la relación entre estos hechos sea accidental "

También hay coincidencias menos llamativas, que sin embargo nos sorprenden porque dentro de nosotros adquieren el significado de una conexión casi imposible.

Se pueden citar infinitos ejemplos. "Vea" mentalmente a un amigo en una situación difícil, y luego descubra que esa persona realmente vivió un episodio negativo. Muchos evitan el comportamiento porque se sienten incómodos. Por ejemplo, no se suben al transporte público. Más tarde descubren que el vehículo estuvo involucrado en un accidente. Algunos sueñan con un amigo olvidado porque vive en otra ciudad, y al día siguiente lo encuentran en la calle.

Todos nosotros a menudo somos testigos o protagonistas de hechos similares. Al principio estamos un poco sorprendidos, pero luego decidimos que es un caso, y almacenamos todo en algún rincón de nuestra mente.

En realidad, "coincidencia" no siempre equivale a "casualidad". Esto se demuestra por el hecho de que algunas coincidencias generan problemas en nuestra mente que permanecen sin resolver de por vida.

Sin embargo, estos episodios resurgen en la mente y estimulan nuestra curiosidad junto con un vago sentido de misterio. Tenemos la sensación de una indicación o sugerencia que no hemos podido comprender.

El conocido psicoterapeuta Carl Gustav Jung estudió este fenómeno durante mucho tiempo y elaboró muchas de las teorías descritas más adelante en este folleto. Según Jung, muchas coincidencias son ciertamente aleatorias, pero a veces no. Jung planteó la hipótesis de la existencia de coincidencias que podrían considerarse significativas o incluso "numinosas" (cubiertas de santidad) y acuñó para ellos el nombre de "sincronicidad".

Coincidencias y sincronicidad..

"Detrás de cada sincronicidad hay universos enteros desconocidos para explorar"

Las "coincidencias significativas" pueden ser de muchos tipos. Por ejemplo, pueden basarse en sueños, premoniciones, telepatía u otros. En cualquier caso, ponen en juego el espíritu o la psique. Aceptamos la hipótesis de que el universo no está hecho solo de materia, sino de materia y espíritu. Ambos dan forma a nuestra realidad juntos. En estas condiciones, muchos fenómenos, que serían inexplicables con los parámetros del materialismo, se vuelven comprensibles.

Jung fue el primero en estudiar el fenómeno de las extrañas coincidencias con los métodos científicos. Proporcionó las herramientas adecuadas para comprender cuándo una coincidencia puede considerarse significativa o numinosa. Cuando las condiciones propuestas por Jung se hacen realidad, la coincidencia se convierte en una sincronicidad.

Por supuesto, es necesario distinguir entre coincidencias aleatorias y sincronicidades. Los primeros son parte de la vida cotidiana y se derivan de la superposición y el entrelazamiento de nuestras actividades con las del mundo que nos rodea. La característica predominante de las coincidencias normales es que las consideramos descontadas y no nos involucran ni nos interesan demasiado.

Las sincronicidades, por otro lado, abren una ventana enorme en el panorama del misterio. Detrás de cada sincronicidad hay universos enteros desconocidos para explorar, y una inmensa sabiduría para poder acceder. Desafortunadamente, nuestros ojos no son adecuados para descifrar estos paisajes. No sabemos el idioma a través del cual las sincronicidades intentan comunicarse con nosotros. Hay problemas de armonía entre nuestra mente y la Mente que nos envía sincronicidades.".

Carl Jung y el inconsciente colectivo.

"Psicología de la profundidad. La fuente del inconsciente colectivo".

Para comprender completamente el concepto de sincronicidad, necesitamos entrar en las teorías de Jung. Primero necesitamos introducir el tema del "inconsciente colectivo".

Según Jung, hay un nivel de conciencia colocado fuera de nuestra mente. Esta conciencia no se limita a nuestro cráneo, sino que está separada e independiente de nuestra fisicalidad. Es un nivel psíquico y, por lo tanto, no se puede ubicar en ningún lado. No es "una cosa" con longitud, anchura, altura y peso. No se puede tomar de aquí y mover allí.

el inconsciente colectivo "es", existe, de la misma manera que existe nuestra alma o la edad de un árbol o el flujo del agua del río. Nadie puede ver ni sopesar la idea de la edad del árbol o el flujo del río, pero es innegable que existen.

El inconsciente colectivo es una realidad absolutamente psíquica que contiene las experiencias de todos los seres humanos. La gran ventaja es que todos los seres humanos pueden recurrir a este depósito, como si estuvieran extrayendo agua de un pozo. Toda la experiencia de la humanidad está presente en el inconsciente colectivo en forma de arquetipos. Hoy diríamos que toda la información relacionada con la raza humana se archiva en forma de "archivos" llamados "arquetipos".

Como todos los seres humanos pueden interactuar con los arquetipos del inconsciente colectivo, se deduce que poseemos una gran cantidad de conocimiento. Este conocimiento va más allá de nuestra experiencia.

A veces, los arquetipos se mueven del inconsciente colectivo y llegan a influir en nuestra conciencia. Esto genera episodios que son difíciles de entender. Son sincronicidades. Captamos la presencia de un significado oculto, pero no entendemos su significado con precisión.

La reunión de Jung y Pauli.

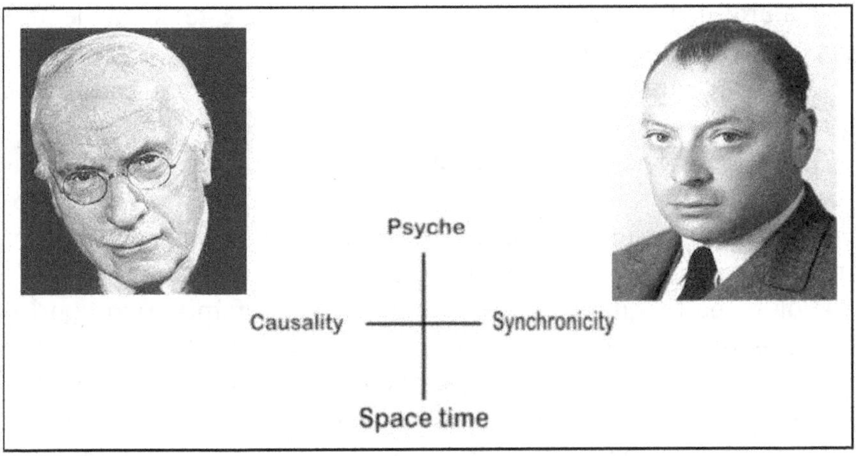

"Diagrama psicofísico de Pauli y Jung. El mundo de la Causalidad y el Espacio-Tiempo en equilibrio con el de la Psique y la Sincronicidad."

En colaboración con Wolfgang Pauli, Jung profundizó la posibilidad de que los conceptos de "Arquetipo" y "Sincronicidad" pudieran estar relacionados con una realidad que definió "Unus mundus".

Es una realidad de la que todo emerge y a la que todo vuelve. Probablemente coincide con el concepto de "Anima mundi", de origen neoplatónico.

Las filosofías y las religiones siempre han apoyado el concepto del Alma del mundo. Hoy este concepto está presente, con diferentes nombres, en la filosofía oriental. Podemos recordar el Tao de la cultura china, o el Ātman de la cultura india. Pero un concepto similar también está presente en la religiosidad occidental. Recordemos a Dios y al Espíritu Santo. También hay muchos términos seculares para referirse a esta realidad: Mente Universal, Conciencia Global, Espíritu del Mundo.

Hablando del inconsciente colectivo, nos referimos, por fuertes analogías, a todas y ninguna de estas Entidades religiosas o filosóficas.

Naturalmente, Jung y Pauli han abordado este tema de una manera absolutamente secular.

Pauli persiguió el objetivo de "restaurar un alma" a la naturaleza, que había sido privada del materialismo.

Pauli, refiriéndose a la psicología, maduró algunas creencias fundamentales. Por ejemplo, creía firmemente que los descubrimientos científicos son favorecidos y anticipados por las imágenes arquetípicas en la mente del científico.

Por su parte, en esta colaboración, Jung se familiarizó con los estudios de física cuántica. En este contexto, la distinción entre materia y energía es tan sutil que parece no existir.

Jung coloca un elemento no material, la psique, en la materialidad. Según Jung, la psique y la materia forman una realidad única, no solo psíquica y no solo material. Esta realidad única se llama "Unus Mundus".

El diagrama psicofísico elaborado por Jung y Pauli (ver figura) equilibra la psique con el espacio-tiempo, es decir, con la parte material del universo. En cambio, en los brazos horizontales, el diagrama equilibra el determinismo o causalidad con la sincronicidad.

¿Qué evidencia tenemos? Materialismo negacionista.

“Sólo "cosas". ¡Qué triste!”

La enciclopedia Wikipedia describe el materialismo de la siguiente manera:

> "El materialismo es una posición filosófica que identifica cada aspecto de la realidad con la materia. Por lo tanto, excluye la presencia y efectividad de cada momento superior de carácter espiritual ".

Si el materialismo es esto, ciertamente es una teoría en marcado contraste con el contenido de este folleto. De hecho, creemos en la mayoría de las ideas negadas por el materialismo.

Uno de los principios clave del materialismo es que el mundo es una máquina. El mundo materialista es un lugar donde todo tiene lugar de acuerdo con principios deterministas.

Esto significa que solo una acción puede determinar otra acción, y cualquier acción se basa únicamente en las interacciones que ocurren entre los objetos materiales.

Según el materialismo, el hombre también es una máquina, y sus acciones están determinadas por las interacciones mecánicas entre sus componentes.

Resumamos algunos puntos de la doctrina materialista.

El hombre tiene un cerebro en el que se producen reacciones químicas que determinan su comportamiento. Se excluye que él tiene una conciencia o un alma.

Los pensamientos, sugerencias, tendencias hacia lo espiritual y lo divino son solo imágenes falsas. Estos son espejismos o epifanías. Las visiones espirituales son productos de desecho resultantes de las reacciones químicas del cerebro. El hombre existe solo en su cráneo. El hombre que cree que se está proyectando hacia afuera es simplemente un robot que se engaña a sí mismo.

Por lo tanto, el hombre es solo la agregación, por casualidad, de algunos materiales. Cierto día, una mezcla de agua, proteínas, grasas, minerales, carbohidratos, vitaminas se ha unido y ha dado origen al hombre. Esto sucedió por casualidad. Si te miras al espejo y ves tu imagen, crees que eres algo más que este montón de sustancias, es pura ilusión.

Eres solo una serie de frascos en el estante de un laboratorio químico. Un día en el caso, agite estas latas, dibujó un pequeño robot como usted, que cree que piensa, ama y desea, pero de hecho se engaña a sí mismo.

El materialismo ha creado históricamente una grieta incurable entre la materia y la psique. La ciencia materialista se ha establecido con una fuerte connotación atea en los últimos dos siglos, y ha ocupado todas las posiciones dominantes de la cultura y la sociedad.

De hecho, cualquiera que no profesara creencias materialistas fue excluido de cualquier carrera científica.

En estas condiciones, fue difícil para las teorías defendidas por Jung y Pauli tener éxito en los círculos científicos.

La verdad es que el materialismo es una vieja estructura que cruje bajo los golpes de la nueva evidencia científica. Hoy en día hay científicos eminentes, en su mayoría físicos cuánticos, que están dibujando una imagen radicalmente diferente del cosmos. Es una realidad decididamente orientada en un sentido "espiritual".

La física cuántica y la diatriba de Bohr-Einstein.

"Dios no juega a los dados". (Einstein)

Existe un misterio en la física cuántica, que causó que Albert Einstein perdiera el sueño. No le gustaban algunos aspectos de la teoría cuántica en absoluto. Estos aspectos fueron apoyados por Niels Bohr y la Escuela de Copenhague fundada por el propio Bohr. Einstein no entendió por qué era imposible determinar la posición y la velocidad de una partícula al mismo tiempo. Dijo que "Dios no juega a los dados". Con esto, Einstein quiso decir que todos los aspectos de la realidad material deben ser conocidos en todo momento. En todo momento debe ser posible saber dónde está una partícula elemental y qué tan rápido se mueve.

Sobre todo, Einstein disputó la existencia real de un misterioso efecto físico conocido por el nombre inglés de enredos.

Consideremos una versión simplificada del enredo. Supongamos que tenemos un generador que produce dos fotones. (Los fotones son las partículas elementales que forman la luz). El par se separa y los dos fotones se mueven a inmensas distancias entre sí.

Los dos fotones son complementarios. Simplificando, decimos que uno gira a la derecha y el otro a la izquierda.

Bueno, si invertimos el sentido de rotación de uno de los dos fotones, el otro también invierte simultáneamente la dirección de rotación.

Esto sucede incluso si los dos fotones se han movido a distancias galácticas.

Entonces el cambio ocurre mucho más rápido que la velocidad de la luz. Además, el cambio de rotación del primer fotón produce un efecto en el segundo fotón de una manera misteriosa. Ninguna energía conocida actualmente actúa entre los dos.

Einstein definió este experimento con las palabras "acción fantasmática a distancia". Estas palabras han entrado en la historia para definir el enredo.

Esto contrasta con la concepción materialista del mundo, que es determinista. Según el determinismo, cada evento debe ser causado por otro. Una bola de billar (B) comienza a moverse solo cuando otra bola (A) la golpea, no antes ni después. Además, el movimiento de la bola B está estrechamente relacionado con la fuerza del golpe.

En el nivel cuántico las cosas funcionan de manera diferente. La bola B comienza a moverse simultáneamente con la bola A, es decir, antes de ser golpeada. De hecho, esto sucede incluso si la bola A está en la Tierra y la bola B está en Júpiter (o en el otro extremo del universo). Entonces, hay una fuerza desconocida que transmite energía e información. Esta fuerza no es la fuerza de la gravedad.

Einstein creía que el fenómeno del enredo solo podía lograrse en el contexto de la física clásica, es decir, de manera determinista. Según Einstein, la explicación fue que el procedimiento fue incorrecto. En consecuencia, las conclusiones también fueron erróneas.

A pesar de las convicciones de Einstein, los experimentos realizados en la década de 1980 confirmaron que los procedimientos son precisos. Hay una realidad completamente desconectada de la física clásica. Hay un área del universo que no está sujeta a las reglas de materialidad. Es la "no localidad”.

Confirmación del enredo.

"Todo es "Uno". Nosotros también somos "Uno" con el "Todo"

Las pruebas experimentales obtenidas en 1982 por el francés Alain Aspect confirmaron la realidad del fenómeno del enredo. Si Einstein todavía hubiera estado vivo, debería haber tomado nota de la evidencia. Dos partículas, unidas por un nacimiento común, permanecen unidas para siempre con un vínculo que no es material, porque va más allá del espacio y el tiempo.

Sin embargo, cierta ciencia pretende ignorar esta sorprendente novedad de la física.

El problema que atormenta a la ciencia tradicional es que el enredo distorsiona todas las leyes de la física clásica, también llamada física newtoniana.

Consideramos algunos principios de la física clásica:

- La realidad es causal y mecanicista: cada acción deriva de una acción previa y produce acciones posteriores.

• No se puede superar la velocidad del límite de luz (300,000 kilómetros por segundo).

• Cada fuerza (gravitacional, magnética, etc.) disminuye en función de la distancia.

• La flecha del tiempo establece una jerarquía rígida en la evolución de cada evento. Lo que sucede primero es siempre la causa de lo que sucede después. Ningún hecho puede ser la causa de algo que sucederá después.

En el nivel de partículas elementales, ninguna de estas reglas es válida. Dos o más partículas relacionadas (enredadas) tienen características muy diferentes. Resumimos algunos de ellos:

• La velocidad del límite de luz ya no es válida.

• El principio de que las fuerzas se desvanecen con la distancia ya no es válido.

• Como no hay diferencia de tiempo entre acción y reacción, la flecha del tiempo ya no es válida. El "antes" y el "después" ya no existen.

• Por la misma razón, la causalidad ya no existe porque la acción y la reacción tienen lugar simultáneamente.

Pero, sobre todo, ¿cómo puede una partícula, ubicada a una distancia astronómica, saber que la otra está preparada para cambiar? ¿Cómo puedes saber, poder cambiar al mismo tiempo?

¿Qué forma de conocimiento existe entre las dos partículas?

Es necesario imaginar un espacio que no esté hecho de materia. Un espacio que elimina todos los problemas de tiempo y distancia. De hecho, tenemos que imaginar un espacio psíquico, no material.

¿Quizás este es el mismo espacio que Platón llamó "Mundo de ideas" y que Carl Jung más tarde llamó "Inconsciente colectivo"?

Es un espacio llamado "no localidad" porque no se puede colocar en ningún lado. La no localidad está en todas partes. Pervades todo el universo. Cada parte del universo está inmersa en este nivel de energía e información. En conclusión, no hay división en el universo. Nuestros sentidos nos muestran un universo dividido en diferentes objetos. En realidad, a nivel subatómico, el universo es uno,.

Enredo y inconsciente colectivo.

"En unión con el Cosmos."

El entrelazamiento cuántico muestra que hay un nivel de "gestión del universo" más alto que las leyes del materialismo físico.

Es algo que trasciende el tiempo, el espacio y la materia. Pero hay otra implicación extraordinaria: si dos partículas separadas continúan comportándose como si fueran una sola partícula, entonces todo el universo está unido por una fuerza que lo une y lo hace uno. De hecho, todo el universo proviene de un evento único, el big-bang. Todas las partículas elementales del universo están correlacionadas.

Desde el nivel no local, donde no hay espacio ni tiempo, toda la información del universo fluye hacia nuestras conciencias en forma de arquetipos.

Del mismo modo, las sincronicidades fluyen desde la no localidad. Las sincronicidades generan todas las curiosas coincidencias de las cuales somos protagonistas, los presentimientos, las ventanas abiertas en los espacios del espíritu.

En este punto, comenzamos a creer que la perfección de la creación no es fruto del azar, sino que deriva de un nivel superior.

Este nivel va más allá del concepto de materialidad e implica la presencia de una entidad que dirige el universo sin restricciones de tiempo o espacio.

¿Existe un Tao, existe un Espíritu que gobierna el universo por encima de las leyes de la materia?

Jung teoriza la existencia de un inconsciente colectivo, es decir, una conciencia universal externa a los individuos. Desde el inconsciente colectivo, los arquetipos fluyen hacia nuestra conciencia. Los arquetipos son figuras simbólicas. En nuestra conciencia, los arquetipos se transforman en advertencias, consejos, estados de ánimo, premoniciones, conciencia.

Es probable que la fuerza desconocida que causa el enredo y el inconsciente colectivo teorizado por Jung sean la misma cosa. La psicología y la física cuántica pueden colaborar.

La física cuántica es solo al principio, pero la concepción materialista apoyada por los científicos de los últimos siglos comienza a flaquear.

El milenio que está comenzando será el milenio que encontrará la "fórmula unificadora" entre la ciencia y el espíritu. El sueño de Jung y Pauli se hará realidad.

El observador determina el comportamiento.

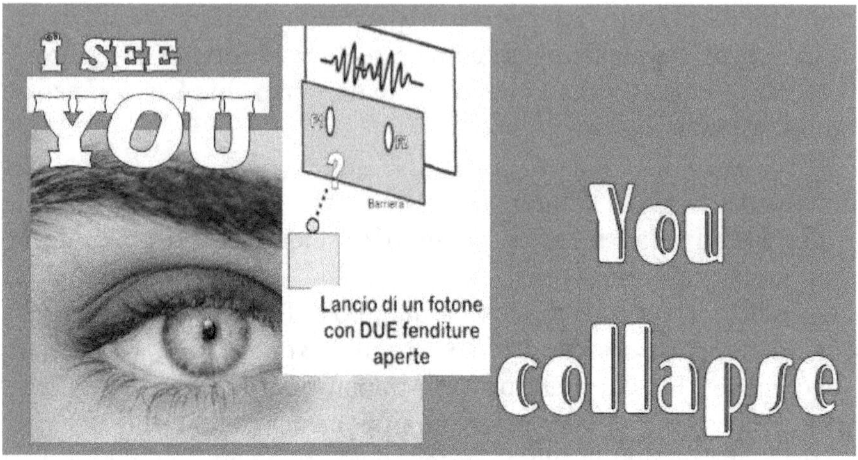

""Te miro, te derrumbas". El papel del observador en la realidad cuántica. El lanzamiento de un fotón con dos rendijas abiertas"

Uno de los fenómenos más sorprendentes en el comportamiento de las partículas elementales es lo que podemos destacar a través del experimento de la "doble rendija".

Si arrojamos un fotón contra una barrera con dos rendijas, suponemos que el fotón pasa a través de uno u otro.

No es asi. El fotón los cruza a ambos. Esta no es una declaración descabellada. Este fenómeno ha sido confirmado en cientos, si no miles de experimentos, y es universalmente reconocido por toda la ciencia. Este fenómeno se llama "superposición de estados". Basado en este fenómeno, un fotón puede estar en dos lugares al mismo tiempo. La superposición de estados es la base del fenómeno del enredo.

De hecho, un fotón no se comporta como si fuera una partícula, sino como si fuera una onda. El fotón se propaga como un círculo de agua en la superficie del estanque.

El fotón no está en un lugar específico, está perdido en la ola. También puede quedarse en dos lugares al mismo tiempo.

Si cree que esto es sorprendente, sepa que todavía no lo ha visto todo.

Admitimos que un científico particularmente quisquilloso decide ir hasta el tema. Coloca un instrumento de control detrás de una de las dos ranuras, para verificar si el fotón lo atraviesa o no.

Bueno, en este punto, el fotón solo pasa a través de la ranura monitoreada por el instrumento. Se dice que el fotón "colapsa" en un estado dado.

Podríamos concluir que el fotón está dotado de inteligencia. Él elige atravesar DOS grietas cuando NO lo observas. Por el contrario, pasa a través de UNA rendija cuando la observas.

La consecuencia más relevante del experimento es esta: el observador puede determinar el comportamiento del fotón y de cualquier otra partícula elemental. Él puede hacer esto simplemente mirándolo.

John Wheeler era un físico estadounidense, una figura carismática en la física de los años treinta y cuarenta; Bajo su liderazgo, se han formado muchos físicos famosos, incluido Richard Feynman. Wheeler cree que el papel del observador es el aspecto más importante de la física cuántica. Propone reemplazar el término "observador" con el de "participante". Expresa esta convicción en una famosa cita:

> "La medición cambia el estado del electrón. Después de una medición, el universo ya no es el mismo. Para describir lo que sucedió, debemos eliminar la antigua palabra "observador" y reemplazarla con el nuevo término "participante". En cierto modo, el universo es un universo participativo ".

Al nivel de las partículas elementales, la voluntad del observador participa en el funcionamiento de la materia, de hecho, puede determinarlo.

Por ahora esto se aplica a las partículas elementales. Quizás, a través de estudios posteriores, descubramos que la conciencia también puede intervenir en las agregaciones de fotones, átomos, moléculas y organismos enteros. Quizás, sin saberlo, esto ya está sucediendo.

La "Conciencia Global".

"Proyecto "Conciencia Global". Alerta temprana de la conciencia del mundo.

Varios experimentos científicos han encontrado que los eventos negativos, antes de que ocurran, causan variaciones en la conciencia de los seres humanos individuales.

Quizás, como resultado de esto, sería útil probar las perturbaciones preventivas de vastos sectores de la población. Estas pruebas podrían señalar eventos negativos que afectan a naciones o continentes enteros, o al planeta entero. En palabras más simples, sería posible predecir eventos negativos.

Alguien se ha ocupado de investigar esta posibilidad de manera científica, con investigaciones aún en curso. La investigación se lleva a cabo en un proyecto creado en la década de 1980 por los profesores Robert Jahn y Brenda Dunne en la Universidad de Princeton.

Este proyecto nació cuando los diversos experimentos nos permitieron imaginar que realmente podría existir una conciencia colectiva global. Es el proyecto "Princeton Engineering Anomalies Research".

Los estudios consistieron en verificar los efectos psicoquinéticos en dispositivos pequeños capaces de generar números aleatorios. En términos técnicos, estos dispositivos se denominan RNG (Random Number Generator).

Los números pueden ser pares o impares. En consecuencia, como con un lanzamiento de moneda, después de un número razonable de lanzamientos, el resultado se vuelve plano (50-50).

Los científicos pidieron a los voluntarios involucrados en el experimento que intentaran influir en la elección de los números. De hecho, los voluntarios lograron generar variaciones interesantes en comparación con la estadística 50/50.

Posteriormente se produjo un fenómeno sorprendente. Aunque ningún voluntario intentó influir en los generadores de RNGi, los resultados fueron diferentes de los 50/50 esperados por la estadística.

Los académicos imaginaron la existencia de una conciencia colectiva capaz de influir en los generadores incluso en ausencia de voluntarios.

Es un hecho común que, dentro de un cierto radio, los generadores también están influenciados por personas que no están directamente involucradas en el experimento. La conciencia de los individuos genera una "fuerza" capaz de influir en los RNG.

En los años siguientes, muchos otros Institutos se unieron al Proyecto, que tomó el nombre de "Proyecto de Conciencia Global". Una gran cantidad de equipos RNG, más tecnológicamente avanzados, se ha colocado prácticamente en todo el mundo. Hoy en día hay RNG en funcionamiento desde Europa a los EE. UU. A Rusia y luego también en Japón, Brasil, China, América del Sur, Australia y África. Estas herramientas generan números aleatorios (uno o cero) cientos de veces por segundo. Antes de generar un número, el dispositivo realiza una predicción y luego comprueba si ha adivinado correctamente.

Fue posible verificar que, con ocasión de eventos colectivos de importancia significativa, los generadores formulan pronósticos exactos significativamente más altos que el promedio. Es como si su funcionamiento ordinario estuviera influenciado por los eventos que sucederán poco después.

En la práctica, los RNG son capaces de registrar una variación significativa en el subconsciente colectivo de las comunidades que están dentro de su rango de influencia.

La variación se expresa en un mayor número de predicciones exactas.

Si el evento que ocurre afecta a un continente entero, todos los generadores en ese continente tienen las mismas variaciones. Como confirmación, se notaron grandes picos de pronósticos exactos unas horas antes del ataque a las Torres Gemelas en Nueva York, el 11 de septiembre de 2001.

En su libro "Menti interconnee", Dean Radin, quien participa en el proyecto, describe el comportamiento de los dispositivos RNG de la siguiente manera:

> "Notamos que algo inusual sucedió ese día. El 11 de septiembre de 2001, la curva del gráfico experimentó una desviación increíble en comparación con los otros días examinados. Resultó que esta curva alcanzó su punto máximo unas dos horas antes de que el avión secuestrado se estrellara en la primera Torre Gemela en Nueva York. Más tarde, unas 8 horas más tarde, la señal volvió al nivel más bajo."

Normal y paranormal.

"El universo psíquico es aún desconocido"

La mayoría de las personas aparentemente han tenido experiencias de telepatía o precognición.

En estos casos hablamos de fenómenos de intuición, fenómenos psíquicos o fenómenos parapsicológicos. Algunos creen que estos fenómenos derivan del sexto sentido o del séptimo sentido. Otros hablan de percepción extrasensorial (ESP) o PSI. (abreviatura de "psique").

Para los materialistas, todos estos fenómenos son ilusorios. Incluso si parece que estos fenómenos paranormales pueden existir, de hecho tienen explicaciones normales, o son solo ilusiones o trampas.

La negación de los fenómenos paranormales ha sido la posición dominante durante los últimos tres siglos.

Sin embargo, una pequeña minoría de investigadores continuó estudiando fenómenos psíquicos porque, si fueran reales, ampliarían enormemente nuestro conocimiento de la mente y ampliarían el dominio de la ciencia.

Pero, dado que estas experiencias no coinciden con la teoría materialista, se clasifican como paranormales, lo que literalmente significa "más allá de lo normal". En este sentido, lo "normal" no es lo que realmente sucede, sino lo que piensan los materialistas.

Del mismo modo, el término "parapsicología" significa "más allá de la psicología". Así, la parapsicología se distinguiría de la psicología "normal"

Creo que estos términos son incorrectos e infelices. Si existen los fenómenos de PSI, entonces son normales, no son paranormales. Son naturales, no son sobrenaturales. Estos fenómenos son parte de la naturaleza humana y animal y pueden estudiarse científicamente.

(*Resumen de: "Las ilusiones de la ciencia", Rupert Sheldrake*)

Las percepciones extrasensoriales en el universo psíquico.

"El séptimo sentido"

Siempre nos han dicho, desde la época de Aristóteles, que el cuerpo humano tiene cinco sentidos: vista, oído, tacto, gusto, olfato. Estos sentidos nos permiten interactuar físicamente con el mundo circundante, para obtener información útil para la supervivencia.

En la sabiduría popular hay otro sentido, el sexto, que no utiliza mediadores físicos (manos, lengua, ojos, etc.) para hacer su trabajo, pero lo hace igualmente bien.

Esto es intuición.

La intuición es esa riqueza de conocimiento que hemos acumulado en nuestra experiencia de vida, y a menudo puede sugerir en qué podemos confiar y en qué no podemos confiar.

La intuición nos ayuda a comprender qué se debe hacer y qué no se debe hacer. En resumen, la intuición nos ayuda a arriesgar lo menos posible ante situaciones inciertas.

Cuanto mayor es nuestra experiencia, más funciona la intuición. La intuición no es extrasensorial porque no introduce conocimiento desconocido y externo en nuestro conocimiento. Este sentido reelabora la información que ya tenemos.

Por lo tanto, el sexto sentido opera racionalmente en datos conocidos.

Por el contrario, el séptimo sentido elabora de manera completamente irracional e impredecible datos e información que a menudo nunca han tocado nuestra conciencia y nuestro conocimiento.

Es decir, el séptimo sentido nos introduce a realidades ajenas a nuestra vida diaria y a nuestra experiencia.

El término séptimo sentido puede definir bien algunas propiedades conocidas más científicamente como percepciones extrasensoriales, o ESP (abreviatura de Percepción sensorial extra). Estos son, entre otros:

- Precognición o capacidad de predecir el futuro.
- Clarividencia, o capacidad de percibir visualmente cosas que normalmente no son visibles.
- Telepatía, o capacidad de comunicarse con el pensamiento.

El campo de estudio de las percepciones extrasensoriales se denomina comúnmente parapsicología.

Las sincronicidades ocurren en el momento correcto.

"¿Hay sincronicidades que han cambiado la historia del hombre?"

Todo lo que se ha dicho en este folleto sobre la ocurrencia de sincronicidades en la vida del individuo implica que estas ocurren "con inteligencia", es decir, en el momento adecuado, justo cuando son necesarias para hacer un cambio en la vida.

Esto no solo sucede para las personas. La inteligencia del universo predispone las sincronicidades que pueden guiar a toda la humanidad hacia etapas evolutivas superiores. En particular, Joseph Cambray, un psicoanalista junguiano, apoya la existencia de "sincronicidades culturales". Un ejemplo es el surgimiento de la democracia en la civilización griega. Según Cambray, los saltos culturales "guiados" ocurren en la evolución de la humanidad. Estos saltos ocurren "en el momento adecuado".

Otro ejemplo de "momento adecuado" es evidente si evaluamos las etapas de la evolución humana. Las edades del hombre se pueden dividir en edad de piedra, edad de cobre, edad de bronce y edad de hierro. Al afirmar esto, no tenemos la percepción de su duración. De hecho, la edad de piedra comenzó hace 3-4 millones de años, y solo hace 6,000 años pasó a la edad del cobre: hace 5,000 años a la Edad del Bronce, y hace 3,000 años a la Edad del Hierro.

La edad de piedra ha sido inmensamente más larga que las siguientes. ¿Por qué el hombre ha permanecido tanto tiempo en su edad primitiva, durante más de tres millones de años, antes de hacer la primera transición evolutiva a la edad del cobre? Es una pregunta que la paleontología moderna no puede responder.

Nos arriesgamos a una hipótesis: en todo ese período tan largo, los hombres no deseaban, no tenían la intención de evolucionar, tal vez ni siquiera imaginaban la posibilidad porque todavía no tenían una conciencia suficientemente preparada para expresar intenciones.

En un momento, el aumento del número y algunas circunstancias favorables lograron desencadenar un campo de fuerza suficiente para interactuar con el arquetipo del desarrollo cultural. A partir de ese momento, la evolución fue muy rápida, pasando rápidamente de la era del cobre a la del bronce y luego a la del hierro.

Hoy vivimos la era del silicio, que es la era de la información. Hoy contamos con las herramientas de comunicación para difundir rápidamente nuevas ideas, capaces de generar campos de fortaleza y expectativas con respecto a las nuevas fronteras del conocimiento. Los campos de fuerza psíquica generados hoy pueden difundirse y cambiar el camino evolutivo de la humanidad en unas pocas décadas, ya no en millones de años.

El tiempo que estamos viviendo es ciertamente el momento adecuado para que las nuevas ideas, relacionadas con el progreso de la física cuántica, puedan afirmarse y alterar todas las creencias sobre la realidad del universo.

De hecho, el enredo predice una realidad que ya no está compuesta únicamente de materia, sino de materia y psique. El enredo reevalúa y hace presentes todas las intuiciones que la humanidad ha sentido como verdaderas durante milenios, sin poder experimentarlas. El enredo comienza a producir evidencia real y convincente. Se está creando una red de "defensores" de esta nueva ciencia en el mundo, capaz de generar un campo de fuerza suficiente para fortalecerla cada día más. El enredo se ha desarrollado en unos años a través de una increíble serie de sincronicidad.

La gran sincronía que estamos experimentando.

"Este es el momento adecuado."

En mi libro "Entrelazamiento cuántico y sincronicidad", señalé que la evolución humana no tiene lugar de manera lineal, como lo proponen los darwinistas. Los estudios científicos muestran que las especies permanecen estables durante mucho tiempo. Luego, de repente, las especies varían en períodos cortos.

De hecho, no se puede negar que el hombre permaneció inmóvil durante casi cuatro millones de años en la edad de piedra. Luego, en los últimos 12,000 años, ha evolucionado a una velocidad increíble. El hombre, después de manipular piedras durante el 99,99% de su existencia, en el último 0,1% ha podido aterrizar en la luna.

¿Por qué sucedió esto? La respuesta es que para todo hay un momento adecuado para que suceda. Tarde o temprano, las condiciones objetivas externas son propicias para que ocurra el cambio.

El momento adecuado se manifiesta en una serie de sincronías que estimulan al receptor individual, o a toda una comunidad, a embarcarse en la aventura del cambio.

Actualmente estamos experimentando uno de estos momentos. Estamos pasando de una civilización materialista a una nueva civilización. En esta nueva civilización, la materia y la psique, el cuerpo y el espíritu colaboran con igual dignidad. Descubriremos nuevas leyes del universo. Los algoritmos de las nuevas leyes se basarán en la acción de la materia entrelazada con la acción del espíritu.

Una increíble serie de sincronicidad nos está guiando hacia este objetivo. Estamos en camino a una etapa evolutiva de la mente que no dejará nada sin cambios. Si la humanidad tiene el coraje de dar este salto, nada volverá a ser igual.

Probablemente estamos viajando a gran velocidad hacia el "Punto Omega".

Este término, acuñado por el científico jesuita francés Pierre Teilhard de Chardin, indica el más alto nivel de complejidad y conciencia. La inteligencia del cosmos está guiando a la humanidad hacia el Punto Omega. Es un nivel que verá la colaboración completa y total entre la materia y la psique.

Curiosidades de la física cuántica.

Si no toco no lo creo. Física cuántica y engaños sensoriales.

"Si no toco no lo creo. Pero, ¿realmente "tocamos" las cosas?"

Todos confiamos totalmente en nuestro toque, hasta el punto de que uno de los modismos más comunes es "Si no toco, no lo creo". En efecto, toda nuestra experiencia de vida tiene lugar en el llamado nivel macroscópico, es decir, el nivel construido a la medida de nuestros sentidos. También puede ser cierto lo contrario: nuestros sentidos están hechos a medida para hacernos vivir en una realidad similar a la que se nos aparece.

En el nivel macroscópico, el tiempo fluye en una sola dirección, que es "hacia adelante", y se puede medir con precisión: sabemos dividirlo en "partes de tiempo"; los más comunes responden al nombre de segundos, minutos, horas, pero también siglos o milenios. Todos los objetos tienen un tamaño medible y una masa o peso igualmente medible. Esto es cierto según la física clásica. Este término hace referencia al método científico que se desarrolló a partir del siglo XVII. A partir de entonces, comenzó una fase de investigación profunda de la naturaleza, realizada por científicos famosos como Galileo Galilei, Isaac Newton y Gottfried Wilhelm von Leibniz.

Por esta razón es posible clasificar todas las teorías formuladas antes del siglo XX como física clásica. Algunas teorías nacidas alrededor de 1900 pueden considerarse parte de la misma física. Por lo tanto, las teorías sobre la mecánica, incluida la acústica, la termodinámica, el electromagnetismo, incluida la óptica, la gravedad newtoniana y la relatividad especial de Einstein son parte de la física clásica.

Sin embargo, la relatividad trata el macrocosmos a nivel cósmico, es decir, en las dimensiones sumamente superiores a las que nos son habituales. A este nivel, muchas certezas se estremecen. El espacio y el tiempo ya no son valores absolutos sino relativos. Es decir, cambian en función de la velocidad y en relación con la posición de la persona que toma la medida. El tiempo puede alargarse o acortarse, la masa puede aumentar o disminuir. Se aplica el ejemplo de los gemelos: uno se queda en la tierra, el otro parte para un viaje al espacio casi a la velocidad de la luz. A su regreso, el segundo será mucho más joven que el primero, ya que el tiempo habrá pasado de manera diferente para él.

Pero en nuestro nivel diario, donde el segundo gemelo podría viajar en tren, ¿qué sucede? Pasa exactamente lo mismo. Pero la velocidad del tren es casi infinitamente menor que la de la luz, por lo que nadie se dará cuenta de que el segundo gemelo es una mil millonésima de mil millonésima de segundo más joven.

Realidad cuántica.

A partir de las primeras décadas del siglo XX aparecieron los primeros trabajos de Max Planck basados en la hipótesis cuántica. La física cuántica desmantela por completo muchos dogmas de la física clásica. A nivel cuántico no hay certezas, sino probabilidades. Una partícula no "existe" en una posición determinada, como nuestra lógica nos haría creer, sino que está dispersa en una gama de posiciones posibles, ninguna de las cuales es una presencia cierta. Todas las posiciones probables "colapsan" en una posición medible sólo cuando se "mira" esa partícula, es decir, cuando un observador trata de medirla.

Por lo tanto, el nivel cuántico es un nivel sin certeza. Entonces, ¿qué sucede con nuestra certeza sobre lo que tocamos?

Un final lamentable. De hecho, "creemos" que estamos tocando algo. En realidad, no tocamos nada.

Una mirada a la estructura de los átomos.

Todas las formas de materia con las que tratamos todos los días, además de pesarse y medirse, pueden tocarse, salvo excepciones. Por ejemplo, no es recomendable tocar el fuego, ni ponerse en contacto con venenos u otras sustancias nocivas.

Pero toda la materia está formada por átomos. Nuestro cuerpo y nuestras manos también están hechos de átomos.

Durante mucho tiempo se ha considerado que el átomo es la parte más pequeña en la que se puede dividir la materia. Hoy sabemos que el átomo es una estructura compleja.

El átomo está compuesto por un núcleo y una serie de corpúsculos que giran a su alrededor, los llamados electrones. Prácticamente toda la masa del átomo está en el núcleo. El tamaño de un átomo se mide considerando la órbita de su electrón más externo: es decir, el límite del átomo consiste en esa órbita. Todo lo circunscrito por esa órbita representa el tamaño del átomo. Bueno, la cantidad de materia dentro de esa órbita es casi cero. Si el átomo fuera del tamaño de un campo de fútbol, el núcleo en su centro sería similar a una lenteja y los electrones serían como máximo unas pocas decenas de granos de polvo flotantes. Todo lo demás... un enorme vacío.

Las interacciones fundamentales del átomo. La interacción electronuclear fuerte.

Sin embargo, todo el sistema se sostiene a sí mismo, como si fuera un pequeño sistema solar. Los electrones giran en órbitas precisas en un juego de atracción-repulsión. Sabemos bien que las cargas opuestas se atraen y las cargas iguales se repelen.

El núcleo, compuesto por protones cargados positivamente y neutrones sin carga, tiene una carga totalmente positiva. Entonces, ¿por qué no todos los protones se repelen entre sí sino que permanecen firmemente en el núcleo? ¿Por qué el núcleo no "explota"?

La respuesta está en una de las cuatro fuerzas fundamentales del universo, la "interacción nuclear fuerte". Esta fuerza actúa sólo a nivel atómico. Tiene una propiedad llamada "carga de color", con la que mantiene unidos a los quarks, es decir, los constituyentes elementales de protones y neutrones. De manera similar, esta fuerza mantiene unidos a los protones dentro del núcleo. Aunque actúa en una dimensión extremadamente pequeña, esta es la fuerza más intensa conocida hasta la fecha. De hecho, normalmente no es posible aislar y separar un solo quark de un protón. Esto explica la enorme energía necesaria en los aceleradores de partículas.

Efectos cuánticos sobre la estabilidad de los electrones.

Los electrones, a diferencia del átomo, tienen carga negativa. Basándonos en el principio de que las fuerzas opuestas se atraen, podemos preguntarnos por qué los electrones giran alrededor del núcleo sin caer en él.

Aquí la explicación es más compleja y entra en juego la mecánica cuántica. Una regla importante es que los sistemas ligados (es decir, aquellos compuestos por dos o más partículas que no pueden alejarse más allá de cierto límite) solo pueden existir para valores de energía discretos. Significa que pueden contener cantidades de energía que se pueden medir en "quanta". Ahora bien, sabemos que el cuanto es un valor "discreto", y esto quiere decir que un electrón puede tener uno, dos o tres cuantos de energía, pero nunca un cuanto y medio, porque el cuanto no es divisible.

Dicho esto, entra en juego el principio de incertidumbre de Heisenberg: "no es posible determinar con absoluta precisión al mismo tiempo la posición y la velocidad de una partícula".

Entonces, ¿qué le sucedería a una partícula que cae en el núcleo? Se convertiría en una partícula inmóvil. En ese punto sería posible determinar con absoluta precisión su posición y su velocidad, que sería igual a cero. ¡Pero Heisenberg dice (con razón) que no puedes! La consecuencia es que... la partícula no puede detenerse, no puede caer en el núcleo: está condenada a moverse. En la práctica, el estado fundamental de un electrón (es decir, el que tiene la energía más baja) no puede corresponder a un estado de una partícula estacionaria, de lo contrario se violaría el principio de incertidumbre. Entonces, gracias a Heisenberg ya la física cuántica (pero sobre todo gracias a "quien" quiso que el universo funcionara así) los electrones no caen en el núcleo, y podemos quedarnos aquí hablando de ello.

Pero lo más importante, los electrones no chocan entre sí. La razón de esto es más simple: al tener carga negativa, naturalmente se repelen porque esto sucede con dos elementos con igual carga.

Los electrones se repelen entre sí.

El hecho de que los electrones se repelan tiene muchas consecuencias positivas. La primera es que el átomo conserva su estructura fundamental y "no se amontona". La segunda, más importante, es que los átomos no se amontonan entre sí: los electrones no sólo rechazan a los "hermanos" dentro del mismo átomo, sino que también rechazan los electrones "extraños" que pertenecen a los átomos circundantes.

Pero entonces, piénsalo: cuando nuestra mano, hecha de átomos, se acerca a cualquier cosa, por ejemplo un buen sándwich de jamón, también hecho de átomos, te parece que los átomos del sándwich pueden aceptar ser "tocados" por los átomos. de nuestra mano?

No, la mano y el sándwich no se tocan en absoluto. A nosotros nos "parece" que se tocan.

De hecho, nunca podremos tocar nada, incluso si creemos que podemos.

¿Por qué sentimos algo "sólido" debajo de los dedos?

Entonces, ¿por qué sentimos dolor cuando nuestro dedo meñique golpea el borde de un mueble? ¿Por qué sentimos frío si el viento del norte (hecho de átomos) fluye a nuestro alrededor pero no nos toca? ¿Por qué nos quemamos si acercamos una llama (hecha de átomos) a la nuestra, pero la mano no se toca?

A nivel atómico, hay una distancia inconmensurable entre la piel y el viento, la mano y el fuego. Aquí, sin embargo, entra en juego el procesamiento sensorial a nivel cerebral.

En definitiva, imaginamos que las sensaciones transmitidas a nuestro cerebro por el tacto se deben a la atracción por el objeto que estamos tocando. De hecho, se deben a la repulsión.

Toda la información que recibimos sobre el mundo proviene de nuestro sistema sensorial según un modelo de tres pasos: entrada, procesamiento y salida. El procesamiento sensorial se refiere a la forma en que el sistema nervioso recibe, interpreta y responde a las entradas sensoriales.

El cerebro nos da la impresión de haber "tocado" el fuego. En realidad, el fuego actuó sobre nuestra piel pero sus átomos no entraron físicamente en contacto con los átomos que forman nuestra mano.

A nivel neurológico, podemos decir que nuestro cuerpo está prácticamente salpicado de receptores sensoriales, es decir, de células nerviosas que adquieren información del medio exterior y la transmiten al cerebro. El cerebro recibe la información, la procesa y responde de la forma más adecuada. Obviamente, una mancha de suciedad o una crema untada en el cuerpo se adhiere en virtud de enlaces químicos. En realidad los átomos de estas sustancias penetran y se dispersan en nuestro cuerpo, pero mantienen su integridad.

Las rarezas del salto cuántico.

"Las rarezas del salto cuántico".

Continuidad.

Podemos partir de un concepto físico llamado "continuidad". La continuidad asume que todos los eventos ocurren en un movimiento "fluido" a lo largo de la flecha del tiempo. Si examinamos la trayectoria de una flecha disparada por el arco, entre dos momentos sucesivos, podemos establecer que en el momento A la flecha estaba en el punto T1, mientras que en el momento B la flecha estaba en el punto T2. Por supuesto, podemos dividir el tiempo entre T1 y T2 por la mitad, de modo que en algún punto la flecha estará entre los puntos T1a y T1b.

Pero si dividimos el tiempo entre T1a y T1b por la mitad, entonces en algún punto la flecha estará entre el punto T1aa y T1ab. Y así sucesivamente, sin fin. La flecha se mueve continuamente en el tiempo. En cualquier momento ocupa una posición precisa. Está claro que de esta forma el tiempo se puede dividir indefinidamente, y la flecha ocupará una infinidad de posiciones, es decir... nunca llegará al blanco. (Esta es la paradoja de Zeno).

Max Planck y los cuantos.

El científico Max Planck (Premio Nobel de Física 1918) fue incapaz de llegar a la cabeza de algunos de sus particulares cálculos, ya que, al tener que introducir el concepto de infinito, los resultados eran impredecibles. Sólo por hacer un intento, por una de esas misteriosas intuiciones, trató de imaginar que el tiempo no era continuo, sino "organizado en paquetes". Es decir, imaginó que el tiempo no discurría de forma continua, sino a "saltos". Planck descubrió que al hacerlo, los resultados se volvieron consistentes. Sin saberlo, y sin creerlo, había descubierto el cuanto: el cuanto, en efecto, es la cantidad mínima de tiempo, es decir, la duración de un "paquete de tiempo".

Sin el conocimiento de Planck, la física cuántica nació de esta manera. El nombre tiene un significado muy claro: es una física que no se basa en un tiempo que fluye continuamente, sino en un tiempo que fluye "a saltos", en el que se suceden "cuantos de tiempo"..

El gran problema era: entre uno cuánto y el siguiente, ¿qué pasa? ¿Hay "tiempo" entre un cuanto de tiempo y el siguiente??

Los cuantos y el átomo.

El problema se hizo evidente cuando comenzamos a estudiar el comportamiento del átomo en su estructura íntima. Según una representación clásica, desarrollada por Niels Bohr, el átomo se puede imaginar como un pequeño sistema solar, compuesto por un núcleo central (el Sol) y un cierto número de electrones que giran a su alrededor (los planetas).

El sistema solar puede existir gracias a la fuerza de la gravedad que obliga a los planetas a girar en órbitas predeterminadas. La intensidad de la gravedad que une a Mercurio con el sol es muy fuerte, pero ciertamente la gravedad que atrae a la Tierra es más fuerte, porque la Tierra está más lejos que Mercurio. Según este criterio, la intensidad necesaria para mantener conectado a Plutón es mucho mayor.

Asimismo, existen fuerzas de atracción y repulsión que unen los electrones a sus órbitas alrededor del núcleo. Los electrones están unidos por "cuantos de energía" variables. Imaginemos un átomo con tres electrones. Como ejemplo, el más cercano al núcleo necesita un cuanto de energía. El que está un poco más lejos necesita dos cuantos. El más lejano tiene tres cuantos de energía para permanecer en órbita alrededor del núcleo.

Por razones que solo ellos conocen, los electrones tienen un comportamiento indisciplinado y tienden a saltar de una órbita externa a una interna. Imaginemos que el tercer electrón da un "salto cuántico" y va a colocarse en la órbita 2, más interna.

En ese momento surge un problema: estando en la órbita 3, el tercer electrón necesitaba tres cuantos de energía. Cuando pasa por la órbita 2, solo necesita dos. De hecho, si el electrón retiene tres cuantos de energía dañaría la armonía del sistema.

¿Así que lo que ocurre? Ocurre que el electrón "da" un cuanto de energía y sólo se queda con los dos cuantos que necesita. ¿Y qué ocurre con la cantidad de energía perdida? Que lo que se convierte en un fotón de luz.

Podemos ver que en los primeros experimentos de entrelazamiento, la forma de obtener los dos fotones que se usarían en el experimento era precisamente esa: se inducían saltos cuánticos dobles en un átomo.

El salto cuántico.

Ahora, concentrémonos en un electrón que salta de la órbita tres a la órbita dos. Si el universo funcionara continuamente (como la flecha en el ejemplo) deberíamos poder seguir toda la trayectoria del salto: electrón en la órbita 3, electrón en varias posiciones entre la órbita 3 y la 2, electrón en la órbita 2.

No sucede de esa manera. El electrón está en la órbita 3 y luego inmediatamente en la órbita 2, sin cruzar ningún tiempo y ningún espacio intermedio. En el mundo cuántico no existe un tiempo intermedio, en el que el electrón se encuentra a medio camino entre un lugar y otro. Es decir, los cuantos no son divisibles.

¿Como es posible?

Primero debemos abandonar la representación del átomo como un pequeño sistema solar. El átomo está hecho de partículas que no son "bolas" o corpúsculos, sino ondas, vibraciones. El átomo es una maraña temblorosa y hirviente de vibraciones en constante agitación. El electrón no está exactamente en un lugar sino que, en su forma de onda, ocupa todas las posiciones posibles a lo largo de la onda. Se dice que el electrón se encuentra en un estado de superposición: se encuentra simultáneamente en muchos lugares diferentes, lo que se puede describir mediante un concepto matemático llamado "función de onda". El evento que mueve el electrón de una órbita a otra es un "colapso cuántico". Un evento, similar a una observación, hace que el electrón se colapse en una sola posición. El efecto del colapso es que el electrón ya no aparece como una función de onda sino como una partícula. Todas las posiciones posibles se centran en una. Este "colapso" no prevé situaciones intermedias: el electrón colapsa en una órbita determinada procedente de las innumerables posiciones que le proporciona su función de onda. Ya estaba presente en todas las órbitas, potencialmente.

Entendiendo el universo con dos mandos.

"Dos perillas para entender el universo. ¿Realidad continua o discreta?"

Ya en los dos famosos Congresos de Física de Solvay de 1911 y 1913, se percibió la necesidad de una nueva constante, que hiciera posibles cálculos que de otro modo serían imposibles. De ahí nació uno de los descubrimientos más sorprendentes relacionados con el advenimiento de la física cuántica: el universo funciona solo a tirones. La energía no fluye de forma continua, sino discreta. Por lo tanto, Aristóteles acertó: "Una distancia finita no se puede dividir en fracciones infinitas como dice Zenón, porque es infinita solo en la consideración mental. En la práctica, esa distancia se compone de partes finitas y se puede recorrer.

Continuo o discreto, ¿de qué estamos hablando?

En primer lugar, será bueno ilustrar el significado de los dos conceptos "continuo" y "discreto". Las dos perillas claramente representan esto. Imaginemos que son dos pomos de nuestra cocina. La perilla de la izquierda se puede girar con un movimiento continuo, esto significa que la energía puede ser entregada a la estufa en cualquier valor entre el inicio y el final del recorrido de la perilla. El de la derecha, en cambio, funciona en clics: esto significa que la energía solo se puede suministrar en función de unos valores preestablecidos por el fabricante. En la perilla de la derecha, los valores se pueden dispensar discretamente, es decir, son posibles incrementos fijos de 5. Por lo tanto, entre 40 y 60 solo puede suministrar energía en la cantidad 40, 45, 50, 55 o 60. Con el otra perilla a la izquierda, en cambio, puede estar entregando energía continuamente. Significa que podrías entregar cualquier valor, por ejemplo 40, 41 o 42. Por supuesto, también podrías entregar cualquier valor entre 40 y 41, por ejemplo 40.01, 40.02, etc.

Si el nivel de precisión mecánica del dosificador lo permite, también podría entregar valores entre 40.01 y 40.02. Es decir, si la mecánica lo permite, podría entregar cualquier cantidad de energía, dividiendo el espacio de rotación de la perilla al infinito.

Aquiles y la tortuga.

Los filósofos de la antigüedad conocían estos conceptos. Zenón de Elea es un filósofo griego que vivió en el siglo V a.

Zenón imaginó una realidad continua, en la que también el tiempo discurría continuamente, sobre esta base elaboró la llamada paradoja de “Aquiles y la tortuga”.

Aquiles desafía a una tortuga a correr. Corre mucho más rápido que la tortuga, por lo que le da una ventaja de diez metros, pensando que podrá alcanzarla y adelantarla en poco tiempo. A pesar de esto, Zeno demuestra que Aquiles nunca podrá alcanzar o vencer a la tortuga. El escritor argentino Jorge Luis Borges proporciona una de las descripciones más conocidas de esta paradoja:

«Aquiles, símbolo de la velocidad, debe alcanzar a la tortuga, símbolo de la lentitud. Aquiles corre diez veces más rápido que la tortuga y le da una ventaja de diez metros. Aquiles corre esos diez metros y la tortuga un metro; Aquiles recorre ese metro, la tortuga recorre un decímetro; Aquiles recorre ese decímetro, la tortuga recorre un centímetro; Aquiles recorre ese centímetro, la tortuga recorre un milímetro; Aquiles recorre ese milímetro, la tortuga una décima de milímetro, y así hasta el infinito; para que Aquiles pueda correr eternamente sin alcanzarla».

Otro filósofo griego, Aristóteles, proporciona una explicación "metafísica" de la paradoja. Aristóteles admite que el tiempo y el espacio serían potencialmente infinitamente divisibles, pero en la práctica no lo son. Una distancia finita, que según Zenón no se puede recorrer porque se puede dividir en fracciones infinitas, es infinita en la consideración mental, pero en la práctica está compuesta de partes finitas y se puede recorrer.

¿Cuál es la realidad?

De hecho, la explicación de Aristóteles es muy parecida a subirse a los espejos y deja un poco de amargura en la boca, una sensación de incompletitud.

¿Y si Zeno tiene razón? Ciertamente, Zeno tendría razón si el universo funcionara continuamente. En verdad, todos estamos convencidos de que el universo funciona así. En nuestra experiencia diaria, todas las cosas nos parecen funcionar continuamente. Mientras conducimos nuestro coche sabemos que apretando más o menos el acelerador, el coche se mueve más o menos rápido, sin interrupción: estamos convencidos de que, si el pedal fuera infinitamente sensible, podríamos variar la velocidad de forma similar. No podemos concebir que nuestro coche sólo pueda circular a 40, 45 o 50 km/hora: ¡sería una forma muy curiosa de proceder!

Pero, ¿estamos realmente convencidos de que nuestro coche no avanza con imperceptibles disparos sucesivos?

Cuando decimos que "el sol nos baña", imaginamos que sus rayos fluyen continuamente sobre nuestro cuerpo, como si fuera agua. No podemos imaginar su luz y su calor golpeándonos a tirones.

Nuestros sentidos nos dicen que este no es el caso. Sí, nuestros sentidos. ¿Qué pasa si nuestros sentidos nos engañan?

El universo funciona a tirones.

Uno de los descubrimientos más sorprendentes relacionados con el advenimiento de la física cuántica es que el universo funciona a saltos. La energía no fluye de forma continua, sino discreta. Entonces, Aristóteles lo entendió bien:

> "Una distancia finita no es divisible en fracciones infinitas, porque es infinita sólo en la consideración mental. En la práctica, esa distancia está formada por partes finitas y se puede recorrer".

Ya en los dos famosos Congresos de Física de Solvay de 1911 y 1913, se percibió la necesidad de una nueva constante, que hiciera posibles cálculos que de otro modo serían imposibles. Al introducir esta constante en los cálculos, todos los modelos no resueltos podrían rastrearse hasta una explicación unitaria. La constante lleva el nombre del científico que la introdujo por primera vez en sus cálculos, Max Planck.

Planck usó esta constante sin comprender su verdadero significado, lo hizo solo porque esta constante hacía plausible su fórmula sobre la emisión de radiación electromagnética de los cuerpos oscuros.

La constante de Planck supone que la energía presente en el universo no es "líquida", sino "granular". Cada gránulo (por el momento) no es más divisible. La cantidad de energía presente en un gránulo se llama "quantum de energía". De hecho, los "gránulos" no existen, son solo una definición de conveniencia. Hay cuantos de energía. La física que estudia el funcionamiento del universo a nivel de cuantos de energía se denomina física cuántica.

Dado que la materia y la energía son intercambiables, según la conocida fórmula de Einstein $e = mc^2$, todo el universo es "granular", es decir, cuantizado.

No lo notamos porque el valor de un cuanto de energía es extremadamente bajo. El tiempo de Planck se estima en $5{,}39 \times 10^{-44}$ segundos y la longitud de Planck se estima en $1{,}62 \times 10^{-35}$ metros.

Diferentes niveles de realidad.

Lo anterior, junto con todos los grandes descubrimientos de la física moderna, como la teoría de la relatividad y la teoría cuántica, muestran que lo que llamamos "realidad" es solo una visión muy parcial de la verdadera realidad. En la práctica, para nosotros la realidad no es lo que realmente existe, sino lo que nuestros sentidos nos hacen percibir.

Si definimos la realidad percibida por nuestros sentidos como "realidad macroscópica", debemos reconocer que existen otros niveles de realidad que no percibimos, pero en los que estamos inmersos. La realidad relativista se manifiesta en dimensiones muy grandes, y es una realidad donde el tiempo y el espacio son elásticos. La realidad cuántica es una realidad en la que ya nada es seguro, pero todo es solo probabilístico. A nivel cuántico, la materia como la conocemos ya no existe, solo hay vibraciones energéticas (esto también se aplica a nuestros cuerpos). Finalmente, la física cuántica abre un horizonte en un nivel puramente no material, llamado no localidad. Aquí no hay tiempo ni espacio, el universo se convierte en "unus mundus", una sola cosa en la que todo interactúa como en una gran mente global.

Richard Wheeler y la no localidad.

"Richard Wheeler y la no localidad. El billar cuántico donde llegan las bolas antes de irse."

Los fenómenos cuánticos ocurren en un "espacio" llamado no localidad, es decir, un espacio que no tiene lugar ni tiempo. En la no-localidad no hay un antes y un después, arriba o abajo, aquí y allá. Los límites físicos del universo newtoniano ya no existen. No localidad es donde puedes llegar antes de salir, puedes sentirte mojado antes de que llueva.

No localidad es donde puede llegar antes de irse.

Imagina una situación. Usted está detenido en su automóvil en una intersección. En algún momento, recibes un empujón que te empuja con fuerza hacia adelante. Maniobras el coche unas cuantas manzanas, hasta que vuelves al punto de partida. En ese momento te encuentras parado allí en la intersección y te das el empujón que arrancó tu auto justo antes.

¿No entendiste quién te empujó? Simple, te empujaste a ti mismo, solo. Debido al empujón, tomaste un camino que te llevó de vuelta al punto en el que podías darte el empujón.

Difícil de comprender. Probablemente nunca te suceda a ti. Sabemos que el tiempo existe y solo fluye hacia adelante: por lo tanto, nunca podrás retroceder en el tiempo para darte el empujón inicial.

Sin embargo, se ha demostrado que en el nivel cuántico esto es posible. Una partícula puede ser empujada y movida. Después de haber hecho un camino determinado, puede retroceder en el espacio y en el tiempo para darse el empujón que la hizo emprender el camino.

Imagina una partícula elemental como si fuera una bola de billar. Tendríamos superbolas lo suficientemente rápidas como para cruzar la barrera del tiempo.

La no localidad.

De hecho, los fenómenos cuánticos ocurren en un espacio llamado no localidad, es decir, un espacio que no tiene lugar ni tiempo. Si consideramos que en la no localidad el tiempo no existe, se comprende fácilmente que en la no localidad no existe antes ni después, arriba ni abajo, aquí y allá. Los límites físicos del universo newtoniano ya no existen.

Por lo tanto, podemos imaginar la no localidad como un lugar PSÍQUICO, no como un lugar FÍSICO. En el nivel subatómico de las partículas elementales, los fenómenos psíquicos que la ciencia materialista siempre ha negado ferozmente se vuelven plausibles. Por ejemplo, la premonición del futuro. Si una partícula puede viajar y retroceder para darse el empujón que la inició, ¿dónde está el antes y el después? ¿Qué dificultades habrá en saber PRIMERO lo que sucederá DESPUÉS?

La inversión del ANTES con el DESPUÉS es posible en el dominio de las partículas elementales. Esto se demuestra con un experimento ideado por el físico cuántico John Wheeler, llamado "Experimento de elección retrasada".

Tomo de Wikipedia:

> ""“El experimento de elección retrasada de Wheeler es un conjunto de experimentos mentales basados conceptualmente en una reelaboración del experimento de la doble rendija. Algunos de estos experimentos se llevaron a cabo en 1978 y 1984.
>
> Estos experimentos intentan establecer si los fotones son capaces de alguna manera de "percibir" el aparato experimental utilizado en el curso del experimento de la doble rendija, asumiendo un estado consistente con el propio aparato, o si su configuración es la de un estado indeterminado permanente (ni onda ni partícula). En particular, algunas interpretaciones de la teoría afirman que cada fotón "decidiría de manera autónoma" si comportarse como una partícula o como una onda y luego, una vez que ingresa al dispositivo experimental, podría "cambiar" su configuración comportándose de manera opuesta. .

La intención de Wheeler era investigar las condiciones relacionadas con el tiempo en el que un fotón haría esta transición entre supuestos estados. Sin embargo, fue muy claro en este punto:

> “Una cosa lleva a discusiones sobre cuándo y cómo el fotón aprende que la configuración experimental está en una determinada configuración y luego cambia de onda a

partícula para cumplir con los requisitos de configuración del experimento. Esto es la suposición de que un fotón tiene alguna forma física antes de ser observado. En ambos casos es una onda o una partícula. En realidad, los fenómenos cuánticos no pueden considerarse ondas ni partículas, sino que son inherentemente indefinidos hasta el momento en que se miden. En cierto sentido, el filósofo inglés George Berkeley tenía razón cuando decía que "to be significa ser percibido"

¿Quién es John Wheeler?

John Wheeler no es un científico ordinario. Ni siquiera es uno de esos estudiantes granujientos que, después de leer algunos capítulos de un libro de Richard Feynman, creen haberlo entendido todo sobre la física cuántica y lanzan juicios despectivos sobre aquellos que no piensan como ellos y sus maestros materialistas. (por cierto, Richard Feynman fue alumno de Wheeler). Quiero documentar la profundidad científica y humana del personaje de Wheeler. Cuando expresa sus teorías, tiene lo necesario para ser tomado en consideración.

En la década de 1950 colaboró con Tullio Regge en importantes estudios de relatividad general. De 1938 a 1976 enseñó física en la Universidad de Princeton y más tarde en la Universidad de Texas en Austin. En 1968, el Departamento de Energía de los Estados Unidos le otorgó el Premio Enrico Fermi, y en 1997 recibió el Premio Wolf de Física.

Tuvo como alumnos a los más célebres exponentes de la física actual, como Richard Feynman, Hugh Everett III, Jacob Bekenstein, Kip Thorne, James Hartle, Charles Misner y otros.

En los últimos años de su larga vida, Wheeler se dedicó a los aspectos fundamentales de la física, tratando de definir sus incertidumbres epistemológicas y filosóficas. Murió en 2008 y está enterrado en el cementerio de Fairview en Benson, Vermont. En 1999 incluso se le dedicó un asteroide, el 31555 Wheeler.

No he enumerado este largo (y parcial) currículum para aburrir al lector, sino para subrayar la profundidad científica y humana del personaje. Cuando abraza la tesis del universo antrópico y la integra con sus consideraciones participativas, tiene lo necesario para ser tomado en consideración.

El experimento de la doble rendija.

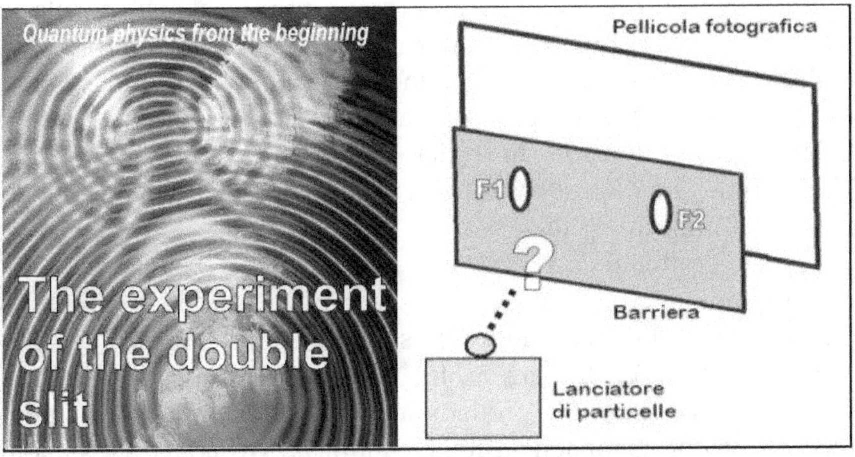

"La física cuántica desde el principio. El experimento de la doble rendija".

Uno de los experimentos más conocidos de la física cuántica (probablemente el más conocido de todos) nos ayudará a comprender mejor la naturaleza de las partículas elementales. La primera versión de este experimento fue realizada hace más de dos siglos, en 1801, por Thomas Young. Posteriormente, el experimento mantuvo su dignidad que lo hizo actual en muchas re-propuestas, actualizado a medida que la tecnología hizo posibles versiones más actuales. Por el momento representa una de las principales claves para comprender la física cuántica y los fenómenos relacionados.

El experimento no es conceptualmente complicado. Lo puede entender cualquiera, de niño, que disfrutaba tirando piedras al agua para ver cómo se formaban los típicos círculos concéntricos.

Ejemplo del experimento.

Imagine colocar una barrera resistente frente a nosotros, equipada con un agujero que, por relevancia para la terminología del experimento, llamamos hendidura. La hendidura es lo suficientemente grande como para permitir que pase una piedra lanzada en su dirección. Justo detrás de la barrera colocamos una lámina fina para que, al chocar con una piedra, la abolle dejando la marca del impacto.

En este punto, alejémonos unos metros y tiremos tantas piedras como queramos. Cada piedra que atraviesa la grieta y golpea la pantalla del receptor produce una sola abolladura. Si abrimos una segunda rendija en la barrera, los lanzamientos exitosos pasarán por una u otra rendija, y producirán abolladuras en la pantalla del receptor en correspondencia con la rendija atravesada. En resumen, podemos entender que la barrera fue atravesada por balas sólidas individuales simplemente observando las abolladuras producidas en la pantalla detrás.

Ahora pasemos a la segunda parte del experimento. Sumergimos la barrera con rendija y la pantalla del receptor en un recipiente que contenga agua, de forma que la rendija quede semisumergida.

Esta vez no tiraremos nuestra piedra directamente hacia la grieta, sino al agua, a cierta distancia por delante de la barrera. La piedra producirá los típicos círculos de agua que todos conocemos; éstas se propagarán hacia la barrera, atravesarán la fisura y resurgirán por el lado opuesto, formando nuevas ondas de propagación que serán bloqueadas por la pantalla del receptor.

Ahora imaginemos abrir una segunda grieta en la barrera semisumergida y tirar otra piedra. Los círculos de agua creados por la única piedra, propagándose frente a la barrera, cruzarán ambas grietas. Emergiendo por el dorso de éstos producirán dos nuevos círculos de agua que, propagándose de nuevo, se interferirán entre sí al sumarse.

De lo dicho hasta ahora podemos sacar algunas conclusiones sencillas:

- Al lanzar “balas” hacia la barrera de dos rendijas pasarán por una u otra ranura. Sin embargo, solo pasarán por una grieta. Podemos verificar esto mirando las abolladuras en la pantalla del receptor.

- Lanzando una sola piedra al agua hacia la barrera de dos rendijas produciremos un único grupo de círculos que pasarán por ambas rendijas, produciéndose en la parte posterior de la barrera dos nuevos grupos de círculos que se unirán para formar la suma de los dos círculos, llamado "figura de interferencia".

Así vimos la diferencia que se produce al lanzar una piedra directamente o al empujar una onda: al lanzar piedras se producen abolladuras, mientras que al lanzar ondas de propagación se producen figuras de interferencia.

Sobre la naturaleza de la luz.

Al tratar de entender si la luz estaba hecha de partículas u ondas, alguien imaginó arrojar destellos de luz a un dispositivo como el que acabamos de describir para comprobar qué efectos se producirían en la pantalla del receptor, si "abolladuras" o "interferencias". Thomas Young lo intentó. Fue un científico británico nacido en Milverton el 13 de junio de 1773.

En física es muy conocido por sus trabajos en el campo de la óptica, ya que fue autor de una investigación sobre el dualismo onda-partícula. También fue responsable del descubrimiento del fenómeno de la interferencia en la luz. De hecho, en 1801 Youn ideó el experimento de la doble rendija.

La diatriba sobre la luz comenzó cuando Newton la consideró de naturaleza corpuscular. Más tarde, la hipótesis de Newton fue cuestionada. En consecuencia, en 1801 Young diseñó y llevó a cabo su experimento. Envió rayos de luz hacia una barrera que tenía dos agujeros. En el reverso de la barrera, en la pantalla receptora, obtuvo un patrón de interferencia, concluyendo que la barrera había sido atravesada por ondas, no por corpúsculos, y confirmando la naturaleza ondulatoria de la luz. Pero, ¿la luz es realmente una onda?

Dualidad de partículas.

A principios del siglo XX empezaron a surgir dudas relacionadas con los estudios de Planck sobre los cuerpos negros y sobre algunos aspectos destacados por Einstein respecto al comportamiento del fotón, que se parecía mucho a una partícula si se estudiaba en el efecto fotoeléctrico.

En 1916, el estadounidense Robert Millikan planteó la hipótesis de la existencia del fotón como una partícula, como luego se confirmó con el descubrimiento del efecto Compton en 1922. Esto creó un gran problema en la física, ya que la luz parecía poseer un misterioso dualismo que la hacía parecer como onda o como partícula en diferentes experimentos.

En 1924, el físico y matemático francés Louis de Broglie formuló la hipótesis de que no sólo los fotones, sino todos los cuerpos materiales, y en particular todas las partículas, también poseían las propiedades físicas típicas de las ondas. Esta hipótesis pronto encontró confirmación experimental y dio un impulso fundamental al desarrollo de la mecánica cuántica. La prueba experimental de la dualidad onda-partícula fue obtenida en 1927 por Clinton Davisson y Lester Germer, en los Laboratorios Bell de los Estados Unidos. Se utilizaron haces de partículas para realizar experimentos de interferencia con dos rendijas, tal como lo había hecho Young. Estos científicos dispararon un haz de electrones a un cristal de níquel y observaron patrones de difracción en la pantalla del detector.

El experimento de la doble rendija se realizó por primera vez en forma moderna usando electrones en 1961, por Claus Jönsson en la Universidad de Tübingen, en Baden-Württemberg en Alemania. Luego fue repetido en 1974 en el Instituto LAMEL del CNR en Bolonia por Pier Giorgio Merli del LAMEL y por Gian Franco

Missiroli y Giulio Pozzi, ambos del Departamento de Física de la Universidad de Bolonia.

El Instituto LAMEL contaba con un microscopio de última generación, un Siemens Eliskop 101. El microscopio se utilizaba tanto como interferómetro como fuente de electrones que pasaban uno a la vez a través de un doble prisma electrónico para luego ser enviados a una placa fotográfica.

Descripción del experimento con el lanzamiento de un fotón.

Ahora queremos considerar en detalle el experimento en su versión moderna clásica, basada en el lanzamiento de fotones individuales o cuantos de luz. Imaginemos, pues, un lanzador de un solo fotón, una barrera con una o dos rendijas y una pantalla trasera formada por un cuarto oscuro que contiene una película fotográfica que quedará impresionada por los fotones recibidos, ya que se trata de fuentes de luz.

Comencemos con una barrera con una sola rendija. Los fotones que atraviesan la rendija marcan un punto en la película fotográfica, clara señal de que se han comportado como partículas. Hasta ahora nada extraordinario; los fotones se comportan como nuestras piedras, y el experimento sugiere que los fotones son partículas.

El siguiente paso es lanzar SOLO UN FOTON hacia una barrera con DOS rendijas. . La pregunta es ¿cuál de las dos rendijas cruzará?

Esperamos que el fotón, cruzando una u otra rendija, deje la señal de un impacto detrás de una u otra rendija.

No es tan. Ese ÚNICO fotón pasa por AMBAS rendijas.

De hecho, frente a una sola rendija el fotón se comporta como una partícula, mientras que frente a dos rendijas el fotón se comporta como una onda y pasa a través de ambas.

En el primer caso, la confirmación viene dada por los puntos luminosos únicos que aparecen en la película fotográfica. En el segundo caso, sobre este aparecen barras oscuras y claras, es decir, la figura de interferencia. Esta figura surge de la onda que atraviesa ambas rendijas y crea dos ondas. En la salida, las dos ondas se suman algebraicamente y las barras oscuras o claras representan el resultado.

Dualidad de partículas elementales.

Una primera consideración que se puede hacer es que los fotones (pero no sólo, la propiedad es común a todas las partículas elementales) se comportan, según los casos, como partículas o como ondas, en el sentido de que son a la vez partículas y ondas. tiempo. Esto hace posible que un solo fotón pase a través de ambas rendijas al mismo tiempo.

Pero las sorpresas aún no han terminado. Imaginemos que el experimentador decide comprobar el paso del fotón por la rendija, partiendo del principio de que en todo caso el fotón es una partícula, y debe pasar por algún sitio.

Por lo tanto, el experimentador coloca un instrumento justo más allá de una de las dos rendijas para verificar si se está cruzando una u otra. La herramienta detectará el paso.

Bueno, en este caso, es decir, cuando hay un instrumento de medición en el sistema, sucede algo increíble, casi como si el fotón se negara a cooperar.

Aunque las rendijas abiertas son dos, solo cruza la equipada con el instrumento y va a imprimir un punto en la pantalla detrás de él.

Pero si se quita el instrumento, el fotón vuelve a comportarse como una onda. En la práctica, el fotón desafía al experimentador mostrándolo como un misterio sin solución.

Leon Max Lederman, físico estadounidense, escribe en su libro Quantum Physics for Poets:

> "Parece que un solo electrón, como por arte de magia, atraviesa las dos rendijas al mismo tiempo si nadie lo observa, ¡mientras que elige un camino posible si alguien

o algo lo mira! Esto es posible porque los electrones no son ni partículas ni ondas: son otra cosa, completamente nueva. Las partículas son "estados cuánticos".

¿Las partículas tienen capacidades precognitivas?

Del experimento de la doble rendija podemos sacar conclusiones que dejarán boquiabiertos incluso a los físicos más expertos, y que probablemente se relacionen más con la filosofía de la física que con la física misma.

Imaginemos por un momento que el fotón tiene su propia conciencia y es capaz de "decidir" su comportamiento en las diversas situaciones en las que se ve envuelto.

En la práctica nos preguntamos: cuando se lanza un fotón hacia la barrera, ¿cómo sabe si tendrá una o dos rendijas abiertas?

Porque, de hecho, el fotón debería saber esto solo después de haber cruzado la barrera; aparentemente, sin embargo, lo sabe antes, tanto que logra ofrecerse a la propia barrera en forma de partícula u onda antes de que se haya producido el cruce.

No solo; el fotón primero sabe si las rendijas están monitoreadas por un instrumento para verificar su paso. Por lo tanto, incluso en presencia de dos rendijas abiertas, si hay un instrumento escondido detrás de una rendija, el fotón se comporta como una partícula y solo pasa a través de la que tiene el instrumento..

En los brevísimos momentos de su existencia entre el momento en que se lanza y el momento en que encuentra la barrera, el fotón adquiere conocimiento de lo que le espera: si encontrará una o dos rendijas, y si estas están monitoreadas o no.

Como el fotón no tiene mente ni conciencia, debemos preguntarnos de dónde viene su "saber previo" de lo que le espera en su futuro inmediato. El provocativo título de este capítulo, sobre las capacidades precognitivas del fotón, sugeriría que estas realmente existen.

Daré dos respuestas. La primera es una respuesta metafísica, por lo tanto no demostrable.

Probablemente si. El fotón sabe porque es parte de una sabiduría universal, un conocimiento que conecta todo el cosmos. El fotón sabe porque todo el cosmos sabe, y este conocimiento no tiene límites de tiempo, espacio o tamaño. El fotón no "sabe antes", simplemente sabe. No lo sabe debido al hecho de que la barrera está cerca en el espacio, lo sabría incluso si estuviera en los límites exteriores del universo. El fotón sabe por qué forma parte de una sabiduría cósmica universal situada más allá de todo límite y más allá de cualquier constricción determinada por la materia. Su conocimiento es información e inteligencia a un nivel puramente psíquico o espiritual. Ese único fotón, y todas las demás partículas del universo, no predicen, simplemente saben.

La segunda respuesta es más consistente con las hipótesis científicas actuales.

El comportamiento de la materia a nivel cuántico no es predecible ni medible, es probabilístico. En este contexto (llamado no-localidad) las certezas presentes a nivel de nuestra percepción (tiempo, espacio, causalidad de los eventos) se vuelven irrelevantes. Probablemente a este nivel los conceptos de antes y después no tengan sentido, como tampoco tiene sentido preguntarse qué había antes del Big Bang o antes del comienzo de los tiempos. De hecho, hay estudios (ver el experimento de elección retardada de Richard Wheeler) según los cuales una partícula, una vez lanzada, podría comportarse de tal manera que determinaría su propio lanzamiento.

La localidad de Albert Einstein y la no localidad cuántica.

"La localidad de Albert Einstein y la no localidad cuántica".

Se c'è qualcosa che può contrariare uno svizzero, nato nella terra che è per definizione la patria degli orologi, è la mancanza di precisione. Se poi questa persona è impegnata in un lavoro metodico quale può essere quello di impiegato dell'ufficio brevetti, ed è a tempo perso un fisico teorico, allora possiamo comprendere il suo disappunto quando le cose non funzionano come dovrebbero.

Stiamo parlando di Albert Einstein, il quale in tutto il suo percorso scientifico conobbe una sola cosa che lo faceva irritare veramente: la indeterminatezza quantistica. Einstein detestava con tutto il cuore la mancanza di disciplina delle particelle elementari per la loro caratteristica di sfuggente ambiguità, per cui rifiutavano di lasciar misurare contemporaneamente la loro posizione nello spazio o la loro velocità.

Todo esto fue en verdad una bofetada, una burla a las buenas y sólidas reglas de la física newtoniana, en las que Einstein basó su teoría más conocida, la de la relatividad.

Las leyes newtonianas se basan graníticamente en el principio de causalidad, también conocido como determinismo. El universo está hecho de materia, y en el reino de la materia nada sucede por casualidad, todo sucede como consecuencia de otros eventos. La materia se atrae y se repele, choca, se mueve o permanece inmóvil, a expensas de la energía.

Sólo una determinada energía, aplicada a una materia, da lugar a una acción oa una cadena de acciones.

Imagina un balón bien colocado en el punto del área penal, esperando a que un jugador lo lance hacia la portería. ¿Creéis posible que ese balón sea lanzado por sí solo hacia la portería contraria, sin recibir el puntapié del jugador que manda?

Imagina a un golfista preparándose para golpear la bola para lanzarla hacia el hoyo. ¿No crees que ese jugador, aparentemente impasible, será más bien atormentado por cientos de elaboraciones mentales para calcular con la máxima precisión qué fuerza y qué ángulo darle al balón para dirigirlo hacia la portería? De hecho, nada sucederá por casualidad: la bola llegará exactamente al punto correspondiente al empuje recibido. El éxito del lanzamiento dependerá únicamente de la precisión de los cálculos del lanzador y de qué tan bien haya podido transferirlos a su brazo. Jamás ocurrirá que una bola, una vez que, en base a cálculos, haya llegado a sólo un milímetro del borde del hoyo, decida por su propia iniciativa lanzarse un poco más lejos. Tampoco sucederá que los gritos y apremios del público la empujen a un camino más preciso.

Sabemos cómo calibrar nuestra energía para obtener los resultados deseados, porque sabemos que los objetos responderán con absoluta precisión a nuestras "órdenes".

Para ello podemos lanzar sondas al espacio haciéndolas aterrizar precisamente en los lugares establecidos, ya sea en la Luna, en Marte o incluso en un cometa, como sucedió con la misión Rosetta de la Agencia Espacial Europea que aterrizó una sonda en el 67P/ Churyumov-Gerasimenko, una pequeña piedra que vaga a miles de kilómetros de distancia en el espacio.

La causalidad subyace a todas las cosas.

En 1950 Alan Turing escribió en su libro "Máquinas de cálculo e inteligencia":

> "El desplazamiento de un solo electrón en una milmillonésima de centímetro, en un momento dado, podría significar la diferencia entre dos eventos muy distintos, como la muerte de un hombre un año después, a causa de una avalancha, o su salvación".

En física hay un principio, llamado localidad, según el cual los objetos distantes no pueden tener una influencia instantánea entre sí: un objeto está directamente influenciado solo por una fuerza colocada en su vecindad inmediata. Es necesario tener en cuenta el debilitamiento de la fuerza de gravedad a medida que aumenta la distancia. Además, una señal enviada de cualquier forma a un objeto distante tardaría en superar la distancia, y la velocidad no podría superar los 300.000 kilómetros por segundo, que es la velocidad de la luz.

Einstein se preocupó mucho cuando comenzaron a llegar señales de relaciones no locales entre partículas elementales de la física cuántica.

Los problemas que más le desconcertaban eran los que planteaba el principio de incertidumbre de Heisenberg. Este principio, enunciado en 1927 por Werner Heisenberg, representa un concepto cardinal de la mecánica cuántica y constituye una ruptura irreparable con respecto a las leyes de la mecánica clásica.

Heisenberg demostró que no es posible conocer dos variables conjugadas al mismo tiempo y con precisión, por ejemplo, la posición precisa de una partícula y su momento o velocidad.

Esto contrastaba considerablemente con los requisitos de orden de la física clásica, con la que podemos calcular cualquier cosa si conocemos los valores iniciales. Para calcular la trayectoria de una cápsula espacial o una bola de billar, necesito saber exactamente dónde comienza, qué empuje recibe y a qué velocidad se moverá.

En física cuántica, estos valores nunca están disponibles al mismo tiempo.

Si medimos simultáneamente la posición y el momento de una partícula, los valores obtenidos son absolutamente inciertos. Esta incertidumbre no deriva de las técnicas de medida, sino que es consecuencia de la realidad cuántica que es probabilística.

El probabilismo se expresa muy bien si volvemos a considerar el experimento de la doble rendija: un fotón lanzado contra la barrera con dos rendijas tiene la probabilidad de cruzar una u otra, por lo tanto cruza ambas. Solo el observador puede colapsar los diversos estados probabilísticos en un solo punto. En una situación no observada, existen todos los estados probabilísticos.

Hablando de probabilismo cuántico, Einstein pronunció la famosa frase:

> "Es difícil echar un vistazo a las cartas que tiene Dios en la mano, pero no puedo creer ni por un momento que esté jugando a los dados".

Entrelazamiento cuánticot

La realidad cuántica no respeta los criterios de localidad de la física clásica, por lo que se denomina no local. En el dominio no local hay eventos y manifestaciones que no sufren las restricciones típicas del dominio local: no están limitados ni por el tiempo ni por la distancia. En este dominio no hay ayer y hoy, antes y después, sino sólo "ahora y para siempre". Asimismo, no hay alto y bajo, cerca y lejos, sino solo "aquí y en todas partes".

La confirmación más clara de la existencia del dominio no local nos la da uno de los experimentos más conocidos de la física cuántica, el realizado por Alain Aspect, un investigador francés, en 1982. Este experimento confirmó la teoría del entrelazamiento cuántico. Al mismo tiempo, el experimento Aspect puso fin a un larguísimo periodo de disputas que había tenido como protagonistas por un lado a Niels Bohr, director del grupo de estudio conocido como Escuela de Copenhague, y por otro a Albert Einstein.

La característica más sorprendente e intrigante de las partículas subatómicas es la capacidad de intercambiar información entre sí al instante. En la práctica, la información no atraviesa un espacio físico para conectar las dos partículas, es decir, no completa un camino entre una y otra. El nivel no local es puramente psíquico, e intercambiar información es como intercambiar pensamientos.

Enredo es un término inglés que significa "entrelazar". Inicialmente quería representar el entrelazamiento que se establece entre dos partículas "relacionadas", es decir, nacidas de un mismo evento. Hoy, a estas alturas, también puede referirse a millones de partículas correlacionadas en el laboratorio. No podemos dejar de observar que si consideramos el universo como un gran laboratorio, entonces el Big Bang pudo haber correlacionado todas las partículas que le pertenecen en su explosión creativa.

El problema que acecha a la física clásica no es tanto que se establezca un entrelazamiento, sino que este entrelazamiento trastorna todas sus leyes, es decir, los pilares sobre los que se asentaba hasta hace unas décadas.

La física clásica, entre otras cosas, establece que:

• La realidad es causal y mecanicista: toda acción es la reacción de una acción anterior y la causa de acciones posteriores.

• No se puede exceder el límite de la velocidad de la luz.

• Cada fuerza (gravitatoria, magnética, etc.) disminuye en función de la distancia.

• La flecha del tiempo establece una jerarquía rígida en la evolución de cada evento. Lo que sucede antes es la causa de lo que sucede después y nunca sucederá lo contrario.

Al nivel de las partículas elementales, ya no se aplica ninguna de estas reglas.

Partimos del hecho de que las dos partículas correlacionadas (entrelazadas), sin embargo las creamos, tienen espines opuestos: una tiene espín medio negativo y la otra mitad positivo.

Si uno de los dos invierte el espín, el otro también lo invierte, no inmediatamente sino simultáneamente, a cualquier distancia del universo. Asi que:

• El límite de velocidad de la luz ya no se aplica.

• Ya no se aplica el principio de que las fuerzas se debilitan en función de la distancia.

• Como no hay diferencia de tiempo entre la inversión de las dos partículas, la flecha del tiempo ya no es válida y no hay causalidad.

• La primera confirmación práctica se produjo en el experimento realizado por Alain Aspect en 1980-1982 y confirmado cientos de veces después..

Todo es uno en la dimensión no local.

Pero sobre todo: ¿cómo sabe una partícula, incluso colocada a una distancia astronómica, que la otra va a cambiar? ¿Cómo puede saberlo no después de haber cambiado, sino al mismo tiempo? ¿A través de qué campo la información ha entrelazado las dos partículas?

Es necesario hipotetizar un campo, es decir, un espacio imaginario, hecho ya no de materia sino sólo de información. De hecho, un espacio psíquico.

¿Es el mismo espacio que Platón llamó el Mundo de las Ideas y que Carl Jung más tarde llamó el Inconsciente Colectivo?

Este es el espacio llamado no-localidad, porque no se puede colocar en ningún lugar, pero está en todas partes. Conecta todo el universo, de modo que cada parte del mismo se sumerge en este nivel de energía e información y se convierte en una sola energía y una sola información.

Desde este nivel no local, donde no existe el espacio ni el tiempo, toda la información del universo en forma de arquetipos fluye hacia nuestras conciencias. Del mismo modo, desde la no localidad fluyen las sincronicidades que generan todas las curiosas coincidencias de las que somos protagonistas, los presentimientos, las ventanas abiertas sobre los espacios del espíritu.

El año dorado de la física cuántica.

"1927: El año dorado de la física cuántica".

1927 es el año en que el principio de incertidumbre y el principio de complementariedad reescribieron por completo la física del universo. Comienza la era en la que nada es seguro, todo es sólo probable.

La escuela de Copenhague.

A partir de 1921, Niels Bohr dirigió el Instituto de Física Teórica de la Universidad de Copenhague durante gran parte de su vida. Este Instituto fue el punto de referencia para los físicos teóricos en las décadas de 1920 y 1930. Dentro de este Instituto se desarrollaron estudios sobre física cuántica, que actualmente se consideran el "corpus" más creíble sobre el tema.

El instituto dirigido por Bohr, que se denominó "Escuela de Copenhague", proporcionó la primera interpretación de los fenómenos cuánticos. Hoy en día esta interpretación sigue siendo la más extendida. Se trata de una interpretación que se inspira en los trabajos realizados en la capital danesa principalmente por Niels Bohr y Werner Heisenberg hacia 1927. Estos trabajos versan sobre aspectos como la realización de medidas en el campo cuántico, el principio de complementariedad y el dualismo onda-partícula.

Principio de incertidumbre de Heisenberg.

Como parte de la Escuela de Copenhague, el físico Werner Heisenberg formuló, en 1927, el principio conocido como "principio de incertidumbre" al publicarlo en un famoso artículo en la revista "Zeitschrift für Physik".

El principio de Heisenberg supone sin duda una de las revoluciones más desconcertantes del conocimiento humano, y ha sido objeto de debate a lo largo del siglo XX.

De acuerdo con este principio, en la "realidad" hay cantidades que están correlacionadas entre sí (llamadas "conjugadas") que nunca pueden conocerse exactamente al mismo tiempo. Si mido una cantidad, no puedo medir con precisión la otra.

Tomemos un ejemplo que concierne a la física clásica. En la física clásica podemos conocer en cualquier momento todas las medidas de un objeto, altura, ancho, largo, volumen, peso, y también podemos conocer su velocidad y su trayectoria si el objeto se mueve.

Esta posibilidad de medida es la base de los conceptos de causalidad y determinismo, tan caros a la física clásica. Cada evento tiene una CAUSA, ya que está DETERMINADO por otro evento. Si conozco la causa puedo calcular el efecto. De esta forma calculo la trayectoria de una bala para saber en qué punto impactará o calculo el recorrido de una nave espacial para saber cuándo y dónde aterrizará. Solo necesito saber algunos valores, como la masa del objeto, su forma y el empuje que recibe.

¿Qué tiene de diferente el principio de Heisenberg?

Si el principio de incertidumbre de Heisenberg fuera aplicable a la realidad macroscópica, supondría poder saber la altura de una caja de zapatos pero no su anchura. O bien, significaría conocer su peso pero no su profundidad.

En la física subatómica esto es exactamente lo que sucede. No podemos saber la posición de una partícula y su velocidad al mismo tiempo, o viceversa. Si medimos un valor, la medida del otro es absolutamente incierta. Por lo tanto, en física cuántica CAUSALIDAD y DETERMINISMO ya no son conceptos válidos.

En su desarrollo matemático, el principio de Heisenberg tiene implicaciones aún más desconcertantes cuando sostiene que las partículas pueden llegar a existir "de la nada", es decir, en ausencia de la energía necesaria para su creación. Estas partículas se producen a partir de indeterminaciones energéticas, utilizando una "energía temporal" extraída del vacío. Sin embargo, inmediatamente después se "devuelve" la energía y las partículas desaparecen. Se trata de creaciones efímeras denominadas “partículas virtuales”. Estas partículas no se pueden observar pero dejan un rastro de su existencia en los niveles de energía de los átomos.

Estos rastros fueron realmente medidos. Algo similar sucede cuando el agente de una infección desaparece del cuerpo enfermo, pero quedan los anticuerpos para atestiguar que la infección estaba allí.

Principio de complementariedad de Niels Bohr.

En el mismo año 1927 Bohr participó en el Congreso Internacional de Físicos, que se llevó a cabo en Como en Italia con motivo del centenario de la muerte de Alessandro Volta.

Durante esa conferencia, Bohr enunció el "principio de complementariedad". Según este principio, todos los fenómenos físicos presentan, a nivel atómico o subatómico, un doble aspecto, corpuscular y ondulatorio. Cualquier intento de resaltar uno de los dos aspectos impide que se resalte el otro.

Es difícil dar un ejemplo válido en la física clásica. Imaginemos un naipe, el as de corazones. Podemos ver la cartulina rectangular y el diseño del as superpuestos en la cartulina al mismo tiempo. Para cada carta en la baraja podemos ver la forma y el diseño. El naipe es forma y figura al mismo tiempo.

¿Qué tiene de diferente el principio de Bohr?

Si aplicáramos el principio de complementariedad al papel, solo podríamos ver un aspecto a la vez. Si nos concentramos en la forma rectangular, la figura del as sería una nube evanescente, una bocanada de humo dispersa en el aire. Por el contrario, si quisiéramos centrar la atención en la figura del as, el cartón se convertiría en una forma indefinida, incorpórea e impalpable.

Un objeto subatómico, por ejemplo un fotón, es una onda y una partícula al mismo tiempo, pero no podemos observarlo en ambos estados al mismo tiempo. Los dos aspectos, corpuscular y ondulatorio, son complementarios y al mismo tiempo mutuamente excluyentes, de modo que la observación de uno excluye la del otro.

Probabilismo.

El principio de complementariedad de Bohr y el principio de incertidumbre de Heisenberg representan la síntesis de la física cuántica. No existe una representación causal de los fenómenos cuánticos en el espacio y el tiempo. Las cantidades de energía y cantidad de movimiento, que subyacen a la causalidad de la física clásica, no pueden medirse con suficiente precisión. La teoría cuántica niega la causalidad y el determinismo, e introduce un nuevo argumento, el probabilismo. En el reino cuántico, nada es seguro, todo es probable. A nivel cuántico, la hoja de papel en la que estás leyendo estas palabras no es un objeto sólido, es una sopa burbujeante de partículas que se agitan frenéticamente. Tus sentidos te hacen percibir las partículas como si estuvieran ordenadas para formar una página escrita, pero no confíes en ellas. Es una ilusión.

Enlaces gemelos y fascinación cuántica.

"Lazos gemelos y fascinación cuántica".

La física cuántica predice enlaces extraordinarios entre dos partículas relacionadas (nacidas del mismo evento). Estos tendrían la propiedad de comunicarse entre sí sin los límites de la física clásica. ¿Tiene algo que ver con las comunicaciones "más allá del espacio y el tiempo" de muchas parejas de gemelos?

Increíbles comunicaciones "psíquicas"

Ross y Norris McWhirter nacieron el 12 de agosto de 1925 en Irlanda y en 1950 ambos se convirtieron en periodistas deportivos. Un tal Sir Hugh Beaver tuvo una discusión, durante una expedición de caza, acerca de qué pájaro era más rápido para escapar de los cazadores; por ello decidió escribir un libro que recogiera todos los récords más interesantes y encargó a los gemelos McWhirter que redactaran la primera versión del Libro Guinness de los Récords, ya que eran expertos en atletismo. El libro salió por primera vez en 1955. Pero no es por eso que los autores nos interesan. De hecho, los gemelos fueron los protagonistas de una historia mucho más sensacional, confirmada por muchos testimonios. El 27 de noviembre de 1975, Ross fue asesinado por motivos políticos por el IRA irlandés, con dos tiros en la cabeza, disparados por un revólver calibre 357.

En el mismo instante su hermano Norris, que se encontraba con unos amigos a 40 kilómetros de distancia, sacudió la cabeza entre las manos, denunciando un dolor insoportable como si él también hubiera sido golpeado.

Este hecho es tan conocido que incluso lo informa el sitio web CICAP (Comité Italiano para el Control de Reclamaciones sobre Pseudociencia) que no lo niega, al contrario, lo define como "decididamente sensacionalista". A pesar de ello, la CICAP no deja de buscar explicaciones bizarras para justificar el hecho.

He informado de este ejemplo porque es conocido y está bien documentado, por lo que nadie podrá decir que es una invención. Sin embargo, todos saben muy bien que tales hechos, es decir, comunicaciones de estados de ánimo o participación en eventos particularmente emocionales, pueden ocurrir entre gemelos con bastante frecuencia, superando todas las barreras espaciales y temporales que impone la física clásica.

Porque hechos como estos son negados por la ciencia.

Desde 1700 en adelante, la ciencia ha desarrollado una orientación materialista muy clara, de modo que todo lo que no se puede pesar, medir y reproducir en el laboratorio, no existe. Por tanto, las presuntas comunicaciones inmediatas entre personas a kilómetros de distancia, sin la ayuda de un medio técnico, serían pura fantasía, ilusión o fruto de la superstición.

La ciencia tiene buenas razones para pensar de esta manera. Entre los supuestos obligatorios establecidos a partir de Newton, por ejemplo, hay algunos muy significativos:

- EL DETERMINISMO. Nada sucede sin una causa. Las bolas de una mesa de billar no se mueven solas. Si una pelota recibe un empujón puede moverse y empujar a otra, en caso contrario permanece inmóvil. Es posible mover un objeto solo aplicando una energía, ciertamente no es posible moverlo con la fuerza del pensamiento. Además, siempre para la ciencia materialista, el pensamiento es sólo el producto de desecho de las reacciones químicas que tienen lugar en el cerebro, por lo que nunca podría "salir" ni actuar fuera del cráneo.

Está claro que, desde el punto de vista físico, el dolor de Norris NO PUEDE SER consecuencia de la muerte de Ross, porque ningún mediador físico transmitió energía entre ambos, considerando la distancia y la inmediatez.

- LA FLECHA DEL TIEMPO. Todo sucede en una secuencia temporal que prevé un antes y un después. Incluso cuando dos fenómenos están relacionados, no pueden ocurrir al mismo tiempo, porque hay un tiempo entre la ACCIÓN y la REACCIÓN.

Los gemelos podrían comunicarse entre sí solo si de repente las leyes de la física clásica dejaran de ser válidas.

Si hubiera un nivel del cosmos en el que las reglas de la física clásica ya no fueran válidas, entonces sería concebible la transmisión de información, sensaciones y experiencias entre gemelos, o incluso entre personas unidas por fuertes lazos afectivos, como madres con niños o parejas especialmente unidas.

En un ámbito no sujeto al DETERMINISMO, también pueden ocurrir dos hechos simultáneamente en distintos lugares, ya no es necesario que uno sea causa del otro. El dolor de Norris no sería LA CONSECUENCIA, sino compartir la muerte de Ross.

Llegados a este punto, debemos preguntarnos si existe esta zona del cosmos. Hasta hace unas décadas parecía que no, hasta que se experimentó y comprobó el fenómeno, propio de las partículas elementales, conocido como entrelazamiento (entrelazamiento cuántico).

Partículas que se comunican sin los límites de la física clásica.

l fenómeno se confirmó en 1982 al verificar el comportamiento de dos partículas elementales correlacionadas, es decir, nacidas del mismo evento, tal como les sucede a dos gemelos humanos. Posteriormente, sin embargo, el fenómeno también se confirmó para millones de partículas.

Podemos explicarlo sin recurrir a fórmulas matemáticas sino con un ejemplo sencillo.

Para obtener dos partículas correlacionadas, digamos dos fotones, actuamos sobre un átomo. Los dos fotones obtenidos son complementarios, es decir, por poner un ejemplo muy imaginativo pero comprensible, podemos decir que uno es macho (lo llamamos Antonio) y el otro es hembra (lo llamamos María).

Manteniendo a Antonio aquí, movemos a María y la colocamos a una distancia de cien años luz. Luego nos dedicamos a Antonio y le hacemos cambiar de sexo: el fotón Antonio se convierte en Antonietta.

AL MISMO TIEMPO, a cien años luz de distancia, el fotón María también cambia de sexo y se convierte en Mario.

La pregunta del millón de dólares.

¿Quién le dijo a María que Antonio estaba cambiando de sexo, para que ella también pudiera cambiarlo al mismo tiempo?

Todo apunta a que la información ha viajado entre ambos superando todos los límites de la física clásica: el determinismo, la flecha del tiempo y la velocidad de la luz.

Por lo tanto, nos gusta pensar que la información ha viajado a través de un mediador no físico, por lo tanto, psíquico. Las dos partículas han dialogado entre sí en el contexto de una inteligencia cósmica que está más allá del tiempo y el espacio.

Algunas reflexiones finales.

Primero: todas las partículas del universo están correlacionadas, porque todas nacieron del gran evento inicial del Big Bang.

Segundo: nosotros también estamos hechos de partículas.

Tercero: hay un nivel cósmico donde el tiempo y el espacio ya no ejercen su influencia y las partículas pueden intercambiar información y comunicarse entre sí sin límites, entonces incluso fenómenos como la empatía entre gemelos se vuelven posibles. Sin excluir otras formas de percepción extrasensorial.

Anexo a “Libertad. Más allá de la frontera". En la luz.

“Poesía de la luz. La luz también ilumina la física cuántica”.

Reflexiones sobre la luz en “Libertad. Más allá de la frontera ”, transmisión conducida por Roberto Giacobbo en Rete 4 de la televisión italiana. De hecho, la luz tiene una enorme cantidad de aspectos que van más allá del límite.

Algunos destellos de metafísica.

Seguí con gusto el tercer episodio de “Libertad. Oltre il confine” conducida por Roberto Giacobbo en Rete 4, como suelo hacer con sus emisiones desde finales de los 90.

En este tercer episodio encontré particularmente intrigante la breve entrevista con Vittorio Storaro sobre la luz. En efecto, la luz tiene una enorme cantidad de aspectos que van más allá de la frontera, comenzando por su naturaleza investigada por la física cuántica, especialmente si es “iluminada” por algún destello de metafísica.

La luz nos permite ver, es decir, investigar y observar.

Se sabe que en la física cuántica el observador (el que mira) se convierte también en creador de la realidad.

En este sentido podríamos recordar el relato bíblico de la creación: primero, al ver que la tierra era informe y estaba cubierta por tinieblas, Dios creó la luz y luego “…vio que era bueno”. Parece que el creador mismo necesita luz para VER la bondad de su creación.

En la física cuántica el papel de los que "ven", o más bien "observan", es asombroso. De hecho, es el observador quien crea la realidad. Con esta afirmación aún no hemos entrado en el campo de la metafísica, todavía estamos con los pies bien plantados en el de la física.

El experimento de Thomas Young.

Según el experimento de Thomas Young repetido en los últimos años, "lanzar" un cuanto de luz, es decir, un fotón, contra una barrera con dos rendijas, ese único fotón pasa a través de AMBAS RANURAS. De hecho, deja la marca del paso por las dos rendijas. La señal del paso se puede ver en la pantalla de control ubicada detrás de la barrera.

Si lanzamos ese fotón a una barrera con diez rendijas, atraviesa las diez.

Sin embargo, si ponemos un instrumento en cualquier rendija que controle su paso, entonces el fotón solo cruza la RANURA MONITORIZADA.

Esto quiere decir que el universo, en lo infinitamente pequeño, es un inmenso campo de probabilidades, todas posibles y reales.

Sin embargo, cuando un experimentador (un OBSERVADOR) decide observar, todas las realidades posibles COLAPSAN en una sola, la observada.

Por lo tanto, el observador tiene el poder de determinar el comportamiento de la materia.

El conocido físico cuántico John Wheeler, creador, entre otras cosas, de la teoría de los agujeros de gusano o túneles espaciales, en cuya escuela también se formó Richard Feynman, comenta este extraordinario efecto redefiniendo el papel del observador en el del participante. . Wheeler escribe:

> "Después de una medición el universo ya no es el mismo. Para describir lo que sucedió, la antigua palabra "observador" debe eliminarse y reemplazarse por la nueva palabra "participante". En cierto modo, el universo es un universo participativo".

La teoría del multiverso.

La teoría de un universo probabilístico que "colapsa" en determinadas situaciones en respuesta al observador, llevó al célebre matemático Roger Penrose a desarrollar, junto a Stuart Hameroff, la teoría sobre la existencia de la conciencia. Hay estructuras infinitamente pequeñas ubicadas en las neuronas, llamadas microtúbulos, en las que se producen fluctuaciones cuánticas, es decir, probabilidades que colapsan en elecciones. La resultante de todos los derrumbes, es decir, de todas las elecciones, constituye la conciencia del viviente. Lo más increíble es que, como esta conciencia no está compuesta de materia, tiene la capacidad de sobrevivir a la muerte física del cuerpo.

Por tanto, tras la muerte de un ser con neuronas, sobrevive una "nebulosa" de fluctuaciones cuánticas que es inmortal y que Penrose define como conciencia.

El "cuerpo" en el que vivían las neuronas tenía la capacidad de formar su propia "conciencia inmortal individual" al observar las diferentes probabilidades y hacerlas colapsar en elecciones precisas. Mejor dicho, el individuo ha forjado su propia alma.

Cabe señalar que Penrose es abiertamente ateo y sus estudios son científicos, no especulaciones filosóficas.

La luz permite al hombre dar forma a la realidad.

Por tanto, la luz permite al hombre ser un observador, y la observación da forma a la realidad.

Este es solo un aspecto de lo que llamamos "luz" si lo ubicamos en las predicciones de la física cuántica. Exploro muchos otros aspectos en mi página de Facebook "Cenacolo Jung Pauli". . Por ejemplo, el entrelazamiento cuántico es un fenómeno comprobado según el cual dos fotones emparentados, es decir, nacidos juntos, permanecen unidos y se afectan instantáneamente, aunque se encuentren a distancias siderales. Esto supone que en lo infinitamente pequeño la realidad ya no está formada por objetos separados, sino que el todo es uno.

Creo que entre los temas que se pueden colocar "más allá de la frontera" en este siglo, emergen y cobran importancia las implicaciones de la física cuántica en sus aspectos que necesariamente, en una perspectiva no miope, van más allá de la física clásica, llegando al punto de invadiendo los campos de la filosofía y la metafísica.

Residuos materialistas.

Se escribe "Materialismo" y se pronuncia "Descanse en paz".

"Se escribe "Materialismo" y se pronuncia "Descanse en paz".

Como los últimos japoneses atrincherados en un islote del Pacífico, los materialistas disparan airados contra cada nueva idea que llega a nublar el cielo de sus certezas.

¿Qué es exactamente el materialismo?

Cierta área científica, tenazmente arraigada en la visión materialista del cosmos, no quiere que la convenzan de que la guerra ha terminado, y que la ha perdido.

Nace una visión espiritual del cosmos. El materialismo, según Wikipedia, es:

"Posición filosófica que, al identificar todo aspecto de la realidad con la materia, excluye la presencia y eficacia de cualquier momento superior de naturaleza espiritual".

Según la Enciclopedia italiana Treccani, el materialismo es:

"Término con el que, desde finales de siglo. 17°, se hizo referencia a aquellas teorías filosóficas que, negando la existencia de sustancias espirituales, interpretan los acontecimientos del mundo aferrándose a la materia como único principio explicativo, renunciando así a la espiritualidad, a la inmortalidad del alma, a la intervención de la providencia divina y en cualquier caso a todo finalismo... (de la existencia)".

Cito estas definiciones para enmarcar bien el tema del que estamos hablando. Si esto es materialismo, ciertamente es una teoría en marcado contraste con el contenido de esta página, que en cambio cree una buena parte de lo que el materialismo quisiera negar.

Uno de los principios cardinales del materialismo es que el mundo es una máquina, es decir, un lugar donde todo sucede según principios deterministas: sólo una acción puede determinar otra acción, y toda acción se basa únicamente en las interacciones entre la materia.

El hombre según los materialistas.

El hombre es también una máquina, y sus acciones están determinadas por las interacciones mecánicas entre las partes que lo componen. El hombre tiene un CEREBRO en el cual ocurren reacciones químicas que determinan su comportamiento. Se excluye que tenga CONCIENCIA o ALMA. Los pensamientos, las sugestiones, la tendencia hacia lo espiritual y lo divino no son más que falsas imágenes, epifanías o productos de desecho derivados de las reacciones químicas del cerebro. El hombre existe sólo en su cráneo, si cree que se está proyectando hacia afuera, es simplemente un robot que se engaña a sí mismo.

Por tanto, el hombre no es más que la agregación, CASUALMENTE, de unos materiales, esto es, en el caso de un varón de 1,75 metros de altura y 70 kilos de peso:

Agua 59%, igual a 41,4 kg
Proteína 19%, igual a 13 kg
Grasas 17%, igual a 12 kg
Minerales 4%, igual a 3 kg
Carbohidratos 1%, igual a 0,6 kg
Trazas de vitaminas, igual a 3-5 gramos.

Si al mirarte en el espejo te ves diferente a este montón de sustancias, es pura ilusión. Eres solo una serie de frascos en el estante de una farmacia. Un día la casualidad, sacudiendo estos frascos, dibujó un pequeño robot como tú, que cree pensar, cree amar y desear, pero en realidad se engaña a sí mismo.

Entonces, cuando hablamos de materialistas, estamos hablando de personas que tienen este concepto mortificante de otros seres "humanos", incluso de todos nosotros. Además, al expresar estas teorías, los materialistas se niegan a sí mismos. De hecho, reclaman el derecho a "emitir pensamientos" que (en su caso) no son subproductos de su cerebro: incluso creen que pueden imponérselos a los demás como IDEAS. Así, los materialistas serían robots clase A, con derecho a pensar; todos los que imaginamos la presencia del alma y el espíritu seríamos robots Serie B cuya química genera confusamente sólo ilusiones y supersticiones.

Materialismo hoy.

El materialismo ha creado históricamente una brecha irremediable entre la materia y la psique. La ciencia materialista se ha consolidado con una fuerte connotación atea en los últimos dos siglos, ocupando todas las posiciones dominantes de la cultura y la sociedad. De hecho, cualquiera que no profesara creencias materialistas quedaba automáticamente excluido de cualquier posibilidad de carrera científica. Esto fue particularmente evidente en Italia, donde la tendencia al oportunismo ha favorecido la creación de un establecimiento científico fuertemente caracterizado por el materialismo. Hoy sigue predominando una cultura chic atea, de izquierda y radical, y lo vemos contando las intervenciones llenas de insultos desmotivados que recibimos en nuestras publicaciones. Se nos acusa de difundir "travesuras", si no peores.

Una estructura obsoleta.

Lo cierto es que el materialismo es una estructura antigua, que cruje bajo los golpes de eminentes científicos, que se encaminan hacia una imagen radicalmente distinta del cosmos, empezando por Wolfgang Pauli (Premio Nobel de Física 1945) quien inició un largo diálogo con Carl Jung encontrar una teoría unificadora de la materia y la psique. Entre las muchas decenas de los más conocidos no podemos olvidar a David Bohm, del que hablo en mi libro "Todos los colores del enredo", y luego a Henry Stapp, físico teórico vivo de la Universidad de California-Berkeley.

En 2017 Stapp publicó el libro "Teoría cuántica y libre albedrío. Cómo las intenciones mentales se traducen en acciones corporales" (Teoría cuántica y libre albedrío. Cómo las intenciones mentales producen efectos en la materia).

Este libro explica, en términos simples pero precisos, cómo funciona la mecánica cuántica ortodoxa y muestra cómo esta teoría, interpretada de manera realista, asigna un papel importante a nuestras elecciones conscientes y libres. Stapp parte del principio de que la biología y la neurociencia tradicionales todavía sostienen preceptos clásicos esencialmente fallidos, según los cuales las intenciones mentales no afectan el comportamiento de la materia. Muestra cómo la mecánica cuántica proporciona una base racional para una mejor comprensión de las conexiones entre la conciencia y el comportamiento, permitiendo además una explicación de ciertos fenómenos actualmente considerados "paranormales". Estas ideas tienen implicaciones importantes para comprendernos a nosotros mismos y nuestros procesos mentales y, por lo tanto, también para el significado de nuestras vidas.

Henry Stapp y la teoría cuántica de la conciencia.

En una de sus tantas entrevistas, Henry Stapp se expresa así sobre su "Teoría Cuántica de la Conciencia":

> "Es importante para nosotros, como individuos y colectivamente, corregir la noción actualmente extendida según la cual la ciencia demuestra que somos autómatas mecánicos. Esta idea se basa en la mecánica clásica, ahora invalidada empíricamente. En cambio, la mecánica cuántica nos representa como psicofísicos. ".
>
> Las intenciones conscientes de los hombres no están determinadas por los aspectos físicos de la Naturaleza, pero influyen causalmente en el curso de los acontecimientos físicos. La pregunta que surge de inmediato es esta: -¿Cuál es la conexión entre nuestras experiencias conscientes y el mundo físicamente descrito?-
>
> Las teorías físicas clásicas que prevalecieron en la ciencia durante los siglos XVIII y XIX establecieron que cualquier propiedad física está predeterminada solo por

propiedades físicas previas, sin "entrada" adicional de la conciencia. Esta afirmación, de ser cierta, implicaría que nuestras vidas no tienen sentido; nos reduciría a cada uno de nosotros a un autómata mecánico sustancialmente sin mente, incapaz de influir en el curso de los eventos físicos futuros, ya sea para nuestro propio beneficio o para el beneficio de cualquier otra persona.

Hoy se sabe que las técnicas físicas clásicas son fundamentalmente falsas. Estas teorías han sido reemplazadas por la mecánica cuántica. En esta teoría, nuestras "elecciones libres" conscientes juegan un papel dinámico esencial en la determinación del futuro. Estas elecciones se denominan "libres" porque no están sujetas a ninguna otra característica de la teoría, estadística o de otro tipo."

He hablado largo y tendido de Henry Stapp pero podría mencionar decenas y decenas de otros científicos muy valorados que enseñan o han enseñado en prestigiosas universidades (en el extranjero). No menos importante de Stephen Hawking, recientemente fallecido, y sus ideas sobre el principio antrópico, expresadas en su libro "El universo en pocas palabras". Sin mencionar a Frank Tipler y John Barrow..

Conclusiones.

Esta nueva dirección científica, basada en datos indiscutibles, hace previsible una inminente inversión de las orientaciones de la ciencia mundial, hacia la posibilidad de un cosmos dotado de un "alma".

En Italia, con el provincianismo que siempre nos ha caracterizado, preferimos seguir atados al materialismo que, para bien o para mal, ha garantizado lugares, privilegios y buena reputación a muchos de sus seguidores. A todos estos quisiera decirles: dejen de insultar gratis a quienes apoyan las nuevas orientaciones de la ciencia. Resignarse, se les acabó el tiempo, han perdido la guerra. Sal de tus búnkeres y ríndete al primer pesquero que pase por tu islote. Los vencedores no os tratarán con el mismo desprecio con que vosotros los habéis tratado a ellos. A muchos jóvenes que aún se dejan influenciar por las teorías materialistas de sus profesores, y que vienen a insultar nuestra página como robots a control remoto, les quiero decir: piensen con la cabeza. Tú decides si prefieres ser sustancias químicas inconscientes en el estante de la vida o si prefieres vivir la vida.

Desmontando las piedras angulares del materialismo. Objetividad.

"Desmontando las piedras angulares del materialismo. Objetividad".

La objetividad, a veces llamada "objetividad fuerte", es el principio ya presente en el pensamiento de Aristóteles que dice "El mundo material es independiente de la conciencia". Significa que para la ciencia materialista actual, la conciencia, al ser un epifenómeno producido por la materia, es decir, un producto espurio de la química cerebral, no puede tener ninguna influencia en el comportamiento de la materia. Para afirmar este principio, que aún está por demostrar, se están volviendo locas las investigaciones científicas encaminadas a identificar en qué receso cerebral secreto se esconde la semilla de la conciencia.

No funciona así en todas partes: la física cuántica engaña y refuta esta suposición.

Cabe señalar que el materialismo enuncia verdades muy válidas en el contexto macroscópico del universo. El contexto macroscópico es aquel en el que estamos inmersos, una especie de caverna platónica donde la realidad es sólo la representación percibida y mediada de manera engañosa por nuestros sentidos. En el contexto macroscópico, el tiempo y el espacio parecen ser conceptos "sólidos" y pueden medirse con certeza, con herramientas adaptadas a nuestros sentidos.

De hecho, hay otros niveles de realidad. Por ejemplo, el nivel de la "relatividad" de Einstein, donde, de hecho, el tiempo y el espacio son "relativos" en función de la velocidad de la luz. En la física relativista, la objetividad sigue siendo un concepto válido. Luego está el nivel subatómico o cuántico, y aquí surgen los problemas, porque nada es más cierto, pero todo es sólo probable. Como enseña la física clásica, cada regla es válida hasta que se demuestre lo contrario. De hecho, la física cuántica desmantela las certezas existentes en los otros niveles y por lo tanto niega la objetividad materialista.

Un "rigor" futbolístico a nivel macroscópico.

Tratemos de examinar un evento que tiene lugar en dos contextos, el macroscópico y el cuántico. Elegimos un acontecimiento futbolístico: un jugador que tira un penalti a la portería contraria.

A nivel macroscópico, teóricamente, podríamos llenar la escena con cientos o miles de diminutos sensores, como para no entorpecer el desarrollo de la acción, colocados en el cuerpo del jugador, en el balón, en el portero, en el entorno y donde sea. otra cosa que quieras.

En pantallas especiales pudimos reconstruir toda la escena hasta el más mínimo detalle. Podríamos saber en cualquier momento las energías, la velocidad, la posición y la trayectoria de cada elemento en juego, podríamos crear diagramas como para representar cada detalle minucioso en cualquier momento con una precisión maníaca. Esto es objetividad: sé todo sobre todo en todo momento, sobre el tema que estoy examinando.

El aspecto más importante es este: si no hubiéramos instalado el aparato de medición, las cosas habrían ido exactamente de la misma manera. Si por el contrario hubiésemos montado un sistema de observación basado en diferentes tecnicismos, por ejemplo ya no con sensores sino con cámaras voladoras, o con medidas térmicas o lo que queráis, el resultado en el campo hubiera sido el mismo.

La conclusión es que nuestra observación no interrumpió el evento. Hicieramos lo que hiciésemos desde fuera: mirar, no mirar, filmar, fotografiar, radiografiar, nuestra intervención no habría cambiado el resultado de la acción del jugador de ninguna manera.

Un rigor futbolístico a nivel cuántico.

Ahora reduzcamos a nuestro jugador de fútbol reduciéndolo al tamaño de un electrón y moviéndolo a un campo de juego proporcionalmente pequeño, un campo cuántico. Repetiremos el rigor. Usamos el método de observación que prefieras y observamos en una pantalla hipotética lo que sucede cuando el minifutbolista dispara la minipelota hacia la miniportería.

¿Crees que en nuestras pantallas aparecerán los mismos datos que vimos a nivel macroscópico?

Absolutamente no. El por qué es simple. La escena tomada ya no es la "pura y aséptica" de lo que está pasando. De hecho, nuestro instrumento de observación se convierte en parte del sistema observado, y la escena que vemos se ve perturbada precisamente por el hecho de que la estamos observando.

No podremos tomar el pulso de la situación momento a momento: solo podremos ver algunos elementos, por ejemplo la velocidad de la pelota pero no su dirección.

Este es el principio de "incertidumbre". Por cierto, observe cómo el nombre se opone elegantemente al principio llamado "determinismo" tan querido por la física clásica.

El principio de incertidumbre fue enunciado en 1927 por Werner Karl Heisenberg, posteriormente fue confirmado por innumerables experimentos. Representa uno de los conceptos clave de la mecánica cuántica, que ha sancionado un problema radical con respecto a las leyes de la mecánica clásica. Una regla física sigue siendo válida hasta que sea refutada. Con el debido respeto a todos, la realidad cuántica, que no es otra cosa comparada con la realidad científica global, desmiente la objetividad.

El papel del observador.

He hablado sobre el papel del observador en muchas otras publicaciones. Mientras que en la realidad macroscópica podemos observar la acción de cualquier manera (sin impacto) sin que nuestra observación tenga ningún efecto sobre lo que sucede, en la realidad cuántica no hay forma de observar la acción sin perturbarla.

Por tanto, a nivel macroscópico la influencia del observador es nula y sin efecto, mientras que a nivel cuántico el observador no sólo es efectivo y decisivo, sino también necesario y decisivo.

Observar o no observar hace la diferencia. El colapso cuántico.

A nivel cuántico, el observador es crucial por otra razón importante. La observación genera el "colapso cuántico", es decir, cristaliza la probabilidad cuántica en una condición efectiva.

Dicho brevemente, un electrón no observado no es representable, como podríamos imaginar, similar a una "bola" que orbita alrededor del núcleo de su átomo.

De hecho, el electrón es una onda de probabilidad: como puedes imaginar, la onda no es un punto específico, sino una "vibración" que se extiende en el espacio, como los círculos de agua que provoca una piedra arrojada al estanque. ¿Dónde está el electrón, entendido como una "bola"? Es una probabilidad de que una pelota se disperse a lo largo de la ola. Es decir, puede ser aquí, pero también allá, y donde la extensión de la onda lo permita. Pero ojo: no es aquí O allá, es aquí y TAMBIÉN allá. Este es el principio de superposición cuántica, descrito por Erwin Schrödinger en su famosa ecuación.

La observación tiene el efecto de colapsar todas las posiciones probabilísticas del electrón en una posición "real" precisa. El electrón observado ya no está en todas partes a lo largo de la onda, sino que "colapsó" precisamente en el punto donde tuvo lugar la observación. Sin observación no hay colapso, y sin colapso no hay situación observable, no hay materia fija en una condición definitivamente detectable.

Entonces, aquí está la conclusión asombrosa: es el observador quien genera el colapso, por lo tanto, es el observador quien determina la realidad.

Desmontar los pilares del materialismo. La localidad.

"Desmontar los pilares del materialismo. La localidad".

La localidad es una de las hipótesis más importantes de la física clásica. Lo explicaré brevemente con un ejemplo. Imagina soplar las velas encendidas de tu pastel de cumpleaños. ¿Crees que puedes soplar las velas? Seguro que lo lograrás. Pero, ¿crees que puedes apagar las velas de un pastel en un edificio cercano? ¿O crees que puedes apagarlos en un pastel en Nueva Zelanda? ¿O crees que soplarás las velas del pastel del próximo año? Espero que respondas que no. Aquí, esta es la ubicación.

Cada fenómeno, y sus consecuencias, están limitados por el espacio y el tiempo. Las fuerzas disminuyen a medida que estos factores aumentan. Es decir, las fuerzas están localizadas, confinadas al lugar y tiempo en que se producen.

El concepto, que es absolutamente lógico, deriva de la ley de la entropía por la cual el tiempo transcurre en una sola dirección, y de la velocidad de la luz, dictada por Einstein: nada puede superar esta que equivale a unos 300.000 km. por segundo.

El mundo de la física respiró aliviado cuando Einstein aseguró a todos que su teoría de la relatividad no contradecía el localismo. De hecho, Einstein siempre fue un firme defensor de este concepto, especialmente cuando Niels Bohr y su Escuela de Copenhague lo negaron con sus declaraciones sobre la física cuántica.

Pero vamos en orden.

En física, el principio de localidad establece que los objetos distantes no pueden tener una influencia instantánea entre sí.

En efecto, para decirlo mejor, no hay objetos que no sufran las consecuencias de la variación de objetos colocados suficientemente cerca de ellos. Asimismo, ningún objeto puede sufrir las consecuencias de las variaciones de los objetos lo suficientemente alejados de ellos.

Con respecto a este principio, Albert Einstein afirmó lo siguiente:

> «..La siguiente idea caracteriza la relativa independencia de objetos muy distantes en el espacio (A y B): una influencia externa sobre A no tiene una influencia directa sobre B; esto se conoce como el Principio de Acción Local”,
>
> (Albert Einstein, Quanten-Mechanik und Wirklichkeit, Dialectica 2: 320-324, 1948)

El localismo está estrechamente relacionado con los conceptos de determinismo o causalidad.

El determinismo se explica fácilmente: imagina una mesa de billar. ¿Crees que una pelota comenzará a moverse por sí sola si no recibe un empujón primero? Nunca lo he visto. Su movimiento debe ser "determinado" o "causado" por otro evento, plausiblemente el empuje de un taco o el impacto de otra bola. Este evento determina el desplazamiento, ya que implica una transferencia de energía de la bola que impacta a la que es impactada. En esto la ciencia clásica es un maestro: calculando las energías involucradas podemos "predecir" prácticamente todo: qué tan rápido y en qué dirección se moverán las bolas, y qué otros eventos determinarán. La balística es una ciencia exacta que calcula la trayectoria de una bala de cañón pero también de una nave espacial. Sin localidad y determinismo nunca podríamos haber iniciado la conquista del espacio.

Pero, de hecho, la localidad está localizada. Para calcular el efecto sobre la bola golpeada, necesito saber PRIMERO la velocidad, el peso y la fuerza de la bola que la golpeará.

¿Qué pasa si una mariposa bate sus alas en Brasil?

En 1972, el célebre matemático Edward Lorenz publicó un artículo cuyo título puede traducirse así: "¿Puede el aleteo de una mariposa en Brasil desencadenar un tornado en Texas?"

Según el principio de localidad deberíamos admitir que la cosa "podría" ser posible, pero el diablo está en el detalle de ese subjuntivo. Podría: tal vez sí o tal vez no, con la consecuencia de que el evento no es predecible. Esto confirma la incompatibilidad con la ley local. De hecho, todo evento local debe ser absoluta y precisamente predecible, como en el caso de las dos bolas de billar.

Ahora, ninguna computadora en el mundo podrá calcular todas las variables involucradas entre el batir de alas en Brasil y el desarrollo de un tornado en Texas. Sobre todo porque, a nivel elemental, entraría en juego el principio de incertidumbre de Heisenberg, es decir, la imprevisibilidad de algunos pasos posibles.

En resumen, la localidad requiere que un fenómeno sea cercano en espacio y tiempo, predecible en términos de premisas y consecuencias. El antes debe ser conocido para determinar el después. Estos requisitos matizan el concepto de realismo.

Realismo local y realismo metafísico.

El realismo local es la combinación del principio de localidad con el supuesto realista de que, para realizar cualquier cálculo, es necesario que los objetos en juego tengan valores preexistentes. Estos valores deben conocerse antes de realizar los cálculos.

El realismo en el sentido utilizado en la física clásica contrasta con los supuestos del realismo en la metafísica. Según el realismo metafísico, existe un mundo independiente de la realidad material. La física cuántica también rechaza en gran medida el realismo local debido a la confirmación incontrovertible del entrelazamiento cuántico. Sin embargo, la física cuántica no afirma la existencia de una realidad metafísica distinta de la realidad material, sino que se limita a reconocer la existencia de una realidad que define como "no local" en la que las reglas del materialismo no son válidas. Ya ves cuál es la diferencia.

La no localidad cuántica.

Como he descrito en muchos posts anteriores, el entrelazamiento cuántico (traducible: entrelazamiento cuántico) determina que dos partículas elementales, por ejemplo dos electrones o dos fotones, nacidos de un mismo evento, retengan un enlace no local. Explico brevemente el experimento que confirma este vínculo. Dos partículas de este tipo tienen una interdependencia física, un poco difícil de explicar técnicamente, pero, sólo con fines ilustrativos, supongamos que una es hembra (María) y la otra es macho (Antonio).

Separamos las dos partículas a cualquier distancia que quieras imaginar.

Intervengamos a Antonio: cambiémosle el sexo y transformémoslo en Antonietta.

Al mismo tiempo (no inmediatamente después, pero al mismo tiempo) María cambia de sexo y se convierte en Mario.

Obviamente, la velocidad de la información ha superado la velocidad de la luz.

Si queremos ser precisos, no hubo transferencia de información. María no cambió de sexo "después" de que Antonio la cambiara a ella, sino al mismo tiempo. Las dos partículas se comportaron como si tuvieran una conciencia común, como si fueran una sola partícula.

¿Tienes el concepto? En este caso la localidad ya no existe. Desafortunadamente para los materialistas, la física no funciona como la gramática. No se permiten excepciones. Una sola excepción determina necesariamente el colapso de cualquier teoría, incluso la más establecida.

Hoy sabemos con certeza que uno de los pilares del materialismo, el localismo, ha sido derribado. Sigue siendo válida en nuestra realidad macroscópica, (diríamos, percibida por nuestro entendimiento), pero no en todos los niveles de la realidad. De hecho, hay una realidad que la ciencia ha definido, con mucha vergüenza, “no localidad”. Es una realidad absolutamente libre del dominio de la materia.

El demonio de Laplace.

"El demonio de Laplace".

Nunca será posible para un demonio, incluso en la forma de una computadora súper avanzada, sondear las profundidades del pasado y el futuro, porque nunca será posible conocer TODAS las variables en juego en el universo. La realidad cuántica excluye esta posibilidad. La llamada ley de la "incertidumbre" decretó la muerte del demonio de Laplace y la muerte simultánea del determinismo, que sigue siendo válido sólo a nivel macroscópico.

Una teoría algo presuntuosa.

Cuando, en 1796, el astrónomo Laplace presentó a Napoleón Bonaparte su gran obra "Mécanique Céleste" sobre el funcionamiento del universo, el emperador le preguntó por qué no había mencionado la presencia de Dios en la creación. Laplace respondió que no sentía la necesidad, porque todo el universo funcionaba bien incluso sin Dios.

De hecho, Laplace tenía mucha fe en las leyes de la llamada física "determinista". Por ejemplo, al golpear una bola en la mesa de billar, es posible conocer exactamente todas las variables del golpe (peso de la bola, fuerza aplicada, tamaño de la mesa, etc.). En consecuencia, es posible calcular exactamente la trayectoria de la pelota, dónde golpeará, qué hará el objeto golpeado y qué sucederá en toda la cadena de eventos que siguen. Conociendo el contexto físico en el que se mueve el balón, será posible calcular con exactitud todas las consecuencias de ese lanzamiento hasta la eternidad. No sólo eso, sino que tomando en consideración un evento posterior resultante de ese lanzamiento de la pelota, digamos diez años después, será posible calcular hacia atrás todos los eventos hasta el momento del nacimiento del universo.

Determinismo.

Todas las leyes de la física conocidas por Laplace poseían esta característica de predicción futura y reconstrucción histórica. Laplace escribió:

> “Imaginemos una inteligencia que por un instante dado conociera todas las fuerzas que animan la naturaleza y la respectiva situación de los seres que la componen. También imaginamos que esta inteligencia era lo suficientemente profunda como para someter estos datos a análisis al abarcar en la misma fórmula los movimientos de los cuerpos más grandes del universo y el átomo más ligero. Nada sería incierto para esta inteligencia y el futuro, como el pasado, estaría presente en sus ojos”

Esta opción de la física clásica, llamada "determinismo", todavía forma parte del currículo escolar y es teóricamente cierta. El único problema es que no habría una herramienta adecuada para realizar la cantidad necesaria de cálculos. Sin embargo, "teóricamente" sería posible. Teóricamente, gracias únicamente a las leyes de la física clásica, el hombre podría conocer su pasado y su futuro. El hombre podría responder a la pregunta de si "el aleteo de una mariposa en Brasil podría causar un huracán en Texas". No sólo esto: el hombre podría calcular y simular mecánicamente tal batir de alas con las características adecuadas para hacer que el huracán de Texas sucediera realmente.

El demonio de Laplace.

Sabiendo bien que, a nivel práctico, nunca podría poner en práctica esta teoría, el hombre imaginó un "ser" que sería capaz de hacerlo, ya que está dotado de poderes extraordinarios. Así nació la figura del "Demonio de Laplace", una inteligencia tan vasta como para poder interrogar en un instante a todas las fuerzas de la naturaleza para devolver las respuestas a una síntesis instantánea de la que derivar el conocimiento de todo.

Lástima que, al invocar a este demonio excepcionalmente dotado, sabiendo muy bien que no existe, se renuncia a otro "ser" que podría existir no tanto en la forma inferior de un demonio, sino en la forma de Dios.

De hecho, el "Espíritu" o el "Tao" poseerían estos poderes. ¿Por qué son rechazados? La diferencia es que el demonio, aunque dotado de grandes habilidades, puede ser dominado por el hombre, mientras que la divinidad domina al hombre. Es sabido que al hombre no le gusta sentirse abrumado. El hombre puede imaginarse al demonio de Laplace como una inmensa calculadora capaz de realizar todos los cálculos necesarios. Obviamente, la computadora, por inmensamente capaz que sea, es siempre obra del hombre.

Las computadoras cuánticas se están construyendo hoy en día, con un poder de cómputo miles de millones de veces más poderoso que las computadoras actuales. Por lo tanto, la ilusión de que, después de todo, el demonio de Laplace puede convertirse en realidad, sigue haciéndole cosquillas a muchos materialistas.

un sueño imposible.

De hecho, nunca será posible que un demonio, incluso en la forma de una computadora súper avanzada, sondee las profundidades del pasado y el futuro, porque nunca será posible conocer TODAS las variables en juego en el universo. . La realidad cuántica excluye esta posibilidad. La llamada ley de la "incertidumbre" decretó la muerte del demonio de Laplace y la muerte simultánea del determinismo, que sigue siendo válido sólo a nivel macroscópico.

En las dimensiones subatómicas ya no existe la materia, sólo existen vibraciones energéticas que pueden manifestarse en forma de onda o de partícula, según criterios completamente probabilísticos. El demonio de Laplace nunca podría saber exactamente dónde está una partícula y qué tan rápido se mueve. Lástima del materialismo. El demonio de Laplace ya no es necesario, es un juguete roto. Quizás podríamos volver a la idea de un Dios que conoce exactamente cada posición y cada velocidad. La física cuántica se acerca a este objetivo. Por ejemplo, el "potencial cuántico" de Bohm no solo conoce exactamente los datos de todas las partículas, sino que también logra guiarlas.

El barco de Teseo.

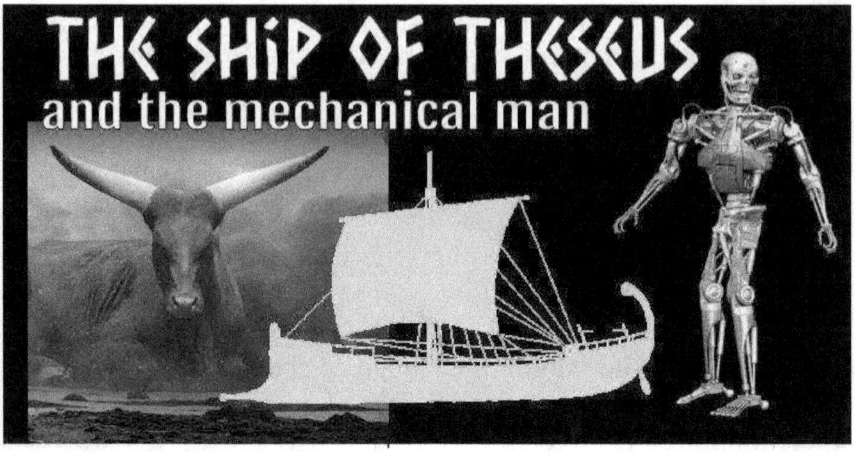

"La nave de Teseo y el hombre-mecánico".

El hombre está hecho de átomos. Con los años, su cuerpo cambia por completo. Las células del cuerpo mueren y son reemplazadas continuamente por otras células formadas por diferentes átomos. En unos pocos años, el hombre cambia totalmente en sustancia y forma. A pesar de esto, cada hombre sigue siendo la misma "persona".

Premisa mitológica.

Teseo es un héroe mítico de Ática. Su hazaña más conocida es la matanza del Minotauro. Cada año los atenienses debían pagar un horrible tributo a Creta, compuesto por algunos jóvenes que se ofrecían como comida al monstruo. Teseo abordó el barco que llevaba a los jóvenes a Creta, se hizo encerrar con ellos en el Laberinto y mató al Minotauro. Posteriormente, logró salir del

Laberinto siguiendo el hilo que le dio Arianna, hija de Minos. Al regresar victorioso a Atenas, se olvidó de cambiar las velas negras del navío por velas blancas, señal convenida con su padre para indicar el feliz éxito de la empresa. El padre Egeo, creyendo muerto a su hijo, se arrojó al mar que le quitó su nombre actual.

La paradoja.

Esta premisa mitológica introduce la llamada paradoja del "Barco de Teseo".

Se dice que el barco de madera en el que viajaba el héroe se había conservado intacto a lo largo de los siglos. A medida que algunas piezas de madera o hierro se deterioraban, se reemplazaban por otras de exactamente la misma forma. Por supuesto, a la larga se reemplazaron todas las piezas, aunque el barco conservó exactamente su forma original.

Pensando en esta situación, podemos decir que el barco fue completamente reemplazado, pero al mismo tiempo permaneció como la "Nave di Theseo". Se vuelve legítimo hacerse una pregunta: ¿se conservó realmente la nave de Teseo, o no?

El barco ha sido completamente modificado en la SUSTANCIA pero no ha sufrido cambios en la FORMA. ¿Sigue siendo la misma ENTIDAD?

Según la visión materialista, no. De hecho, para el materialismo sólo importa la sustancia. El concepto de "forma" está vacío y sin sentido: la materia se agrega al azar, por lo que la forma es solo el resultado de la casualidad. Después de todo, la materia es una agregación aleatoria de átomos. Los conceptos de "madera" y "hierro" no existen, existen átomos. En la física materialista la nave ya no puede ser la misma, ya que los átomos que la componen son distintos a los originales.

El hombre es también un agregado mecánico hecho de átomos.

Podemos dirigir esta paradoja hacia nuestra persona, es decir, hacia todo ser vivo incluido el hombre. Incluso los humanos cambian completamente con los años. Las células del cuerpo mueren y son reemplazadas continuamente por otras células formadas por diferentes átomos. Por lo tanto, el hombre ciertamente cambia en SUSTANCIA. Además, en comparación con la forma inalterada del barco de Teseo, el hombre también cambia de FORMA: basta con mirar la foto de un hombre niño y del propio hombre adulto. A pesar de esto, cada hombre sigue siendo la misma persona.

Un punto de vista metafísico.

La cuestión debe ser examinada no sólo desde el punto de vista físico del materialismo, sino también desde el punto de vista metafísico.

De hecho, en el caso de un ser vivo, surge la cuestión metafísica de la persistencia real de la IDENTIDAD ORIGINAL para una entidad compuesta por partes que cambian en el tiempo.

Es decir, ¿sigue siendo realmente un todo único, después de que toda su materia haya cambiado con el tiempo? Según el materialismo, no, porque el ente está hecho únicamente de materia.

Esto puede ser cierto para el Barco de Teseo, ya que el concepto de "barco" le es ajeno: es una atribución dada por los observadores, quienes lo definen como un "barco".

¿Dónde mora la autoconciencia?

En el caso del hombre, sin embargo, hay que introducir otro concepto: el de CONCIENCIA.

El hombre es consciente de ser él mismo. Lo es desde su más tierna edad hasta su muerte. La autoconciencia está escrita... .pero... ¿DÓNDE?

No está escrito en la materia que constituye el ser, de lo contrario, al cambiar la materia, la conciencia cambiaría de día en día. No sólo eso, sino que considerando la desaparición de la materia sustituida, incluso los recuerdos, es decir, la conciencia de la vida vivida en el pasado, deberían desaparecer.

La autoconciencia es algo que ciertamente existe y ciertamente va más allá de la materia. El hombre no es una máquina hecha sólo de materia, sino que es un ser hecho de materia y otro componente no material que le permite tener conciencia de sí mismo y mantener esa conciencia aun cuando la materia de su cuerpo haya sido totalmente reemplazada.

Esto quiere decir que el componente material ocupa un grado mucho menor que el componente consciente, que podemos definir como psique o espíritu. La naturaleza del espíritu, exterior al cuerpo e insensible a sus cambios, hace creíble su supervivencia, que continuará incluso cuando el cuerpo cambie hasta desintegrarse.

El avispón descarado.

"El avispón impertinente y las percepciones extrasensoriales".

La ciencia a menudo se equivoca, pero muy rara vez lo admite. En la inmensa mayoría de los casos funciona muy bien el "protocolo de defensa al amargo final de los dogmas científicos". En 1934, a partir de una publicación científica del zoólogo Antoine Magnan sobre el vuelo de los insectos, nació la creencia, inmediatamente difundida en la sociedad culta de la época, de que la imposibilidad de volar era particularmente aplicable a un insecto rechoncho con alas diminutas como el avispón. . Y cuando la ciencia afirma algo, eso se convierte en una realidad indiscutible. Nadie fue a un prado a comprobar.

Los precedentes de la historia.

En 1934 Antoine Magnan, un zoólogo e ingeniero aeronáutico francés que estudió el vuelo de insectos y aves para aplicar los resultados al vuelo motorizado, publicó un volumen de 180 páginas titulado "Le vol des insectes" (El vuelo de los insectos) que contenía la siguiente frase ::

> "Apliqué las leyes de la resistencia del aire a los insectos y llegué, con el Sr. Sainte-Laguë, a la conclusión de que su vuelo es imposible".

Sainte-Laguë fue un ingeniero y matemático francés, asistente de Magnan en la elaboración de los cálculos del libro.

De ahí la creencia, inmediatamente difundida en la sociedad culta de la época, de que la imposibilidad de volar era particularmente aplicable a un insecto rechoncho con alas diminutas como el avispón, o más precisamente el abejorro. Y cuando la ciencia afirma algo, eso se convierte en una realidad indiscutible.

La ciencia que no se cuestiona a sí misma.

Pero alguien pensó en impugnarlo: atrapó un avispón, se lo llevó a Magnan y lo liberó frente a él. Inmediatamente el insecto se alejó volando lo más rápido que pudo, demostrando así que sabía volar muy bien.

Cuando la ciencia es desafiada en sus creencias, reacciona de acuerdo con un protocolo bien probado y consolidado:

Desafiar la competencia de quienes niegan y cuestionan sus capacidades mentales.

Rdiculizarlo.

El avispón voló de todos modos porque no había estudiado.

Es obvio que el avispón que voló frente a Magnan no tenía un título de ingeniería para desafiar los cálculos de Monsieur Sainte-Laguë, por lo que su educación era dudosa, pero voló. Ante esto, ni siquiera la segunda técnica hubiera sido efectiva: ¿cómo ridiculizar a un avispón volador por el hecho de que vuela? Además, el avispón no se habría sentido ridiculizado ni un poco, no se habría avergonzado y habría seguido volando con seguridad, como todavía lo hace hoy.

Probablemente organizaciones científicas como el CICAP habrían concluido que había un truco y se habrían embarcado en años de ensayos e intentos para demostrarlo porque, según sus principios, si la ciencia dice que algo "no puede suceder" simplemente NO PUEDE SUCEDER. y si sucede hay un engaño debajo que debe ser desenmascarado.

Antoine Magnan demostró ser un científico inteligente y recurrió a una técnica más sutil. Recalculó los cálculos.

Bastaba revolver un poco los datos, modificar algunas constantes y ajustar el valor de algunas variables para obtener una ecuación que, con absoluta certeza, demostraba que el vuelo del avispón es posible.

Cómo se vuelve potable el agua con arsénico.

Es conocida la alarma que recientemente preocupó la distribución de agua potable en Italia. La Unión Europea, a través de la Comisión, se ha fijado como objetivo 128 municipios italianos cuyas aguas públicas contienen una cantidad de arsénico superior a los límites legales. Esta cantidad está actualmente limitada a 10 microgramos por litro; el gobierno italiano de la época pedía una derogación para poder llegar a los 50 microgramos, mientras que las instituciones europeas están dispuestas a conceder un máximo de 20.

Digan lo que digan, y sea cual sea la conclusión, los habitantes de estos 128 municipios saben que el agua considerada científicamente nociva, por la presencia de arsénico en una cantidad considerada superior al límite soportable de 10 microgramos, pronto será potable al rehacer los análisis un poco con algunos parámetros cambiados. Bastará con establecer en la mesa que el límite soportable ya no es 10 sino 20 o 50

¿Cuándo se le ocurre a la ciencia repensarlo?

La ciencia piensa en ello de vez en cuando, pero muy pocas veces. En la gran mayoría de los casos, el "protocolo para la defensa de los dogmas científicos" funciona muy bien.

Si el hereje es un "lego", en el mejor de los casos es ridiculizado, y en ocasiones se cuestiona su salud mental, excepto para señalarlo como un estafador que quiere explotar la credulidad de la "gente buey".

Si por el contrario el hereje posee alguna cualificación científica, se cuestiona al respecto, se afirma que el resto de la comunidad científica piensa diferente, se cuestiona su capacidad para cubrir los roles y cargos académicos que ocupa; en algunos casos se combinan las dos técnicas, ridiculizándolo en su profesionalismo.

Hay muchos cálculos para rehacer.

Siendo este el caso, solo podemos esperar que los nuevos fermentos científicos, especialmente en el campo de la física cuántica, convenzan al establecimiento materialista actualmente dominante de que hay muchos cálculos por rehacer.

Es evidente que la mayor parte de la población mundial cree firmemente en la existencia de fenómenos extrasensoriales, como la telepatía y la premonición, y un número muy elevado han sido los protagonistas. Desafortunadamente, no pueden probar estos fenómenos, como lo hizo el avispón, por lo que son víctimas del "protocolo negador":

"¡No saben lo que dicen, son incompetentes, probablemente sean psicológicamente inestables o estafadores!"

"¡Todos miren lo que dice este loco!"

También en consideración a esto, muchos prefieren no exponerse al hacer públicas sus experiencias.

Como predijeron las intuiciones de dos científicos como Carl Jung (psicólogo, teórico del inconsciente colectivo y la sincronicidad) y Wolfgang Pauli (físico cuántico, premio Nobel), la física cuántica ha demostrado, con los experimentos sobre el fenómeno del entrelazamiento, la existencia de un nivel de realidad completamente independiente de las leyes de la materia, por lo tanto un componente psíquico del cosmos. La coexistencia y colaboración de la psiquis y la materia está demostrando ser real, habrá que rehacer algunos cálculos considerando también esta variable.

El principio antrópico.

En 1973 un científico, Brandon Carter, desarrolló una nueva formulación de la relación que une al ser humano con el universo, denominándola "Principio Antrópico" y la presentó a la comunidad científica durante un Simposio sobre "Comparación de teorías cosmológicas con datos de observaciones "que se celebró en Cracovia. Este principio, muy discutido en su formulación denominada "formulación fuerte", da un vuelco a la visión actual de la relación entre el ser humano y el cosmos y asigna al hombre un papel central.

El principio fuerte establece que el universo debe ser tal como es para permitir el desarrollo de la vida, en un momento determinado de su historia, que coincide con la época que estamos viviendo, es decir, unos 14 mil millones de años desde su formación. Entre los muchos universos que podrían haber nacido del Big Bang, se ha desarrollado el mismo que nos permite estar aquí hoy. La probabilidad de que esto suceda es de uno en varios miles de millones; si esta única probabilidad hubiera ocurrido por casualidad, entonces la casualidad habría ganado una lotería imposible.

Esto significa que el universo fue diseñado precisamente para permitirnos estar aquí hoy. El universo tiene un propósito: albergar al hombre.

Por lo tanto, el hombre no sería un huésped que casualmente se encuentra en un universo que lo ignora, sino la razón y el propósito por el cual existe el universo. Esta teoría implica que el universo se formó con el objetivo de promover la vida y el desarrollo de la conciencia; es decir, que el universo fue diseñado como un capullo, una placenta en la que podría originarse la vida en general y la conciencia humana en particular.

Los valores de las interacciones centrales se adaptan milagrosamente a la vida.

Los posibles valores de las cuatro interacciones fundamentales (fuerza gravitacional, fuerza electromagnética, fuerza nuclear débil y fuerza nuclear fuerte) y de las partículas subatómicas (protón, neutrón, electrón) podrían tener infinitas combinaciones, pero sólo los valores existentes y medibles. permitir la existencia de una mezcla interactiva capaz de originar un universo con vida. Stephen Hawking escribe en "Agujeros negros y universo bebé":

> "Si la densidad del Universo un segundo después del Big Bang hubiera sido mayor que la densidad crítica en una parte en cien mil millones, el Universo se habría colapsado después de 10 años. Si en cambio hubiera sido inferior al mismo valor, el Universo ya estaría vacío después de 10 años de existencia".

Hay que decir que un científico de la talla de Stephen Hawking, en un principio dudoso, tras la formulación de la Teoría M (teoría unificadora del todo con un universo multidimensional) cambió de opinión convirtiéndose en partidario del principio antrópico. Incluyó el Principio en todos sus estudios y publicaciones posteriores, como el libro "El Universo en pocas palabras".

Después de todo, la física cuántica ha demostrado con creces que el experimentador, al observar las partículas, determina su comportamiento. Probablemente, inconscientemente, determinamos de alguna manera lo que sucede a nuestro alrededor.

Estas son las respuestas que esperamos de la ciencia del tercer milenio, y realmente hay muchos cálculos por rehacer.

Ese alegre Sr. Thomson.

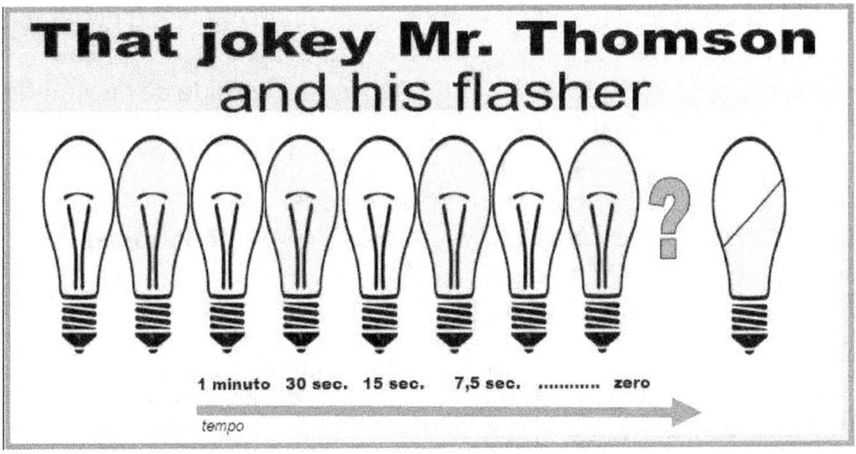

"Ese bromista mr. Thomson y su intermitente".

Con un esfuerzo de imaginación, podríamos imaginar al Sr. Thomson como un tipo metódico y algo quisquilloso, relegado a la última función en el departamento de contabilidad de una megaindustria. Un día, cansado de ser menospreciado, propone el siguiente problema a sus compañeros, todos más valorados que él...

El Sr. Thompson se redime.

Un día, cansado de ser menospreciado, propone el siguiente problema a sus compañeros, todos ellos mejor valorados que él.

Tomemos una lámpara capaz de alternar la condición de encendido y apagado muy rápidamente. Conectamos la lámpara a un ordenador cuántico capaz de enviar señales de conmutación sin límites de velocidad a la lámpara.

El experimento se llevará a cabo durante UN MINUTO (sesenta segundos).

La bombilla estará inicialmente encendida y la computadora cambiará su condición varias veces, cada vez reduciendo el tiempo restante a la mitad. Asi que:

- la primera vez que la bombilla cambiará el estado de encendido y apagado después de 30 segundos.

- La segunda vez la bombilla cambiará de estado a la mitad de los 30 segundos, es decir, a los 15 segundos.

- La tercera vez cambiará el estado después de la mitad de 15 segundos, es decir, 7,5 segundos

- Y así. Aquí está el ejemplo.

	TIME REMAINING IN SECONDS	SITUATION
Start of the experiment	60	on
First switching	30	off
Second switching	15	on
Third switching	7,5	off
... *n commutations* ..	..	...
Last switchover	TIME ZERO	OFF OR ON?

La pregunta es:

UN MINUTO DESPUÉS DEL INICIO DEL EXPERIMENTO, ES DECIR EN TIEMPO CERO, ¿ESTARÁ LA BOMBILLA EN ESTADO "APAGADO" O EN ESTADO "ENCENDIDO"?

El problema no es baladí

De hecho, este problema no fue planteado por un contador de bajo nivel, sino por James Thomson, (1921-1984), filósofo británico, como parte de sus estudios sobre lo que denominó "supertask" (supertareas).

Como de costumbre, dedicamos este problema a quienes sostienen que la ciencia es el único método garantizado para la solución de todos los problemas, y critican la orientación metafísica de este sitio; de estos, por lo tanto, nos gustaría una FÓRMULA matemática que indicara claramente si la lámpara se apagará o se encenderá.

¿Es suficiente el sentido común?

Alguien dirá que no es necesario ir tan lejos, y el problema se puede resolver simplemente con sentido común. BUEN DERECHO. Lástima, sin embargo, que no haya nada más metafísico que el sentido común. El sentido común es un recurso dialéctico que se utiliza en ausencia de reglas precisas, es decir, de una norma de comportamiento comprobada y certificada (científicamente).

No tenemos nada en contra de la ciencia, cuando no se vuelve dogmática y excluyente. En nuestro nivel promedio (macroscópico), la ciencia clásica funciona muy bien. Desgraciadamente, a nivel de las dimensiones muy grandes funciona mucho peor y es necesario recurrir a la relatividad einsteiniana. A nivel subatómico, entonces, no funciona en absoluto, tanto que la física cuántica trastorna todas las certezas.

¿Cuántos niveles de realidad hay?

¿Cuántos otros niveles existen además del macroscópico, el superdimensionado y el subatómico? La teoría de cuerdas predice un universo de nueve o diez dimensiones, donde solo ciertas dimensiones (tiempo y espacio) pueden percibirse en nuestro nivel promedio. ¿Qué hay en las otras dimensiones?

¿Quizás estas dimensiones son tan misteriosas porque no se basan en la materia, sino que tienen contenidos puramente psíquicos? De hecho, el entrelazamiento certifica la existencia, entre las partículas elementales, de un nivel comunicativo completamente desligado de la materia y sus constricciones. Es el nivel de "no localidad cuántica".

Las súper tareas.

El problema de la lámpara de Thompson pone en juego las "supertareas".

En filosofía, una supertarea es una sucesión compuesta por un conjunto contable de operaciones que ocurren secuencialmente en un intervalo finito de tiempo.

James F. Thomson negó enérgicamente que las supertareas sean posibles y propuso la paradoja de la lámpara en apoyo de su creencia. Su paradoja probablemente se ha convertido en el ejemplo más famoso de supertarea desde la época de Zenón.

¿Entonces, cuál es la solución?

He proporcionado un poco de ayuda citando a Zeno, un filósofo griego que ya ha discutido este problema. Seguramente muchos ya habrán ideado una solución y la han propuesto en los comentarios de mi página de Facebook, "Cenacolo Jung Pauli". No espere encontrar respuestas únicas, muchas probablemente incluso serán contradictorias.

Si no está satisfecho y desea conocer algunas posibles respuestas, siga leyendo.

La solución de Zenón.

El origen del interés por las supertareas se suele atribuir al filósofo griego Zenón de Elea. (489-431 aC). Zeno afirmó que el movimiento era imposible, basado en este razonamiento:

Supongamos que nuestro protagonista, llamémosle Aquiles, quiere ir de A a B.

Para hacer esto, debe recorrer la mitad de la distancia de A a B, es decir, imaginando el camino como A-x-B, Aquiles primero debe ir de A a x, y luego de x a B.

A ...> x ...> B

Pero para ir de A a x, Aquiles primero debe recorrer la mitad de este camino, es decir, debe ir de A a y y luego a x.

A ...> ... y ...> x ,,,> B

Para ir desde cualquier punto medio del tramo de A a B, Aquiles debe recorrer la mitad de esta distancia, y así sucesivamente.

No importa cuántas veces realice una de estas tareas de "movimiento", siempre habrá otra que hacer antes de llegar a B. En consecuencia, según Zeno, el movimiento (es decir, viajar una distancia distinta de cero en un tiempo finito) es un super- tarea Zeno argumenta que las supertareas no son posibles (¿cómo se puede completar esta secuencia si por cada movimiento realizado aparece otro?). De ello se deduce que el movimiento es imposible.

Aquiles y la tortuga.

El propio Zeno discutió esta teoría en el apólogo de "Aquiles y la tortuga". Supongamos que Aquiles es el corredor más rápido y se mueve a una velocidad de 1 metro por segundo. Aquiles persigue a una tortuga, un animal conocido por su lentitud, que se mueve a 10 centímetros por segundo. Sin embargo, la tortuga comienza con una ventaja de 90 centímetros.

Parecería evidente que, después de un rato, Aquiles alcanza y alcanza a la tortuga. Sin embargo, Zeno argumenta que este no es el caso. Afirma que Aquiles, antes de vencer a la tortuga, debe llegar inevitablemente al punto desde el que la tortuga inició su viaje.

Sin embargo, en el tiempo que tardó en llegar, la tortuga ya se ha movido a otro lugar.

Todo esto se repite una y otra vez: cada vez que Aquiles llega al punto donde estaba la tortuga, la tortuga ya ha llegado a un nuevo punto.

Su primer tramo será de 0,9 metros, continuará con otros 0,09 metros, luego 0,009 metros, y así indefinidamente. Estas distancias continúan reduciéndose, pero nunca llegarán a cero, y la persecución de la tortuga por parte de Aquiles se convierte en una súper tarea interminable. Esta paradoja particular ha atraído una gran cantidad de comentarios; muchos argumentan que es posible encontrar una escapatoria en el sentido común.

La solución de James Thomson.

En cuanto a la Lámpara Thomson, si continuamos dividiendo los segundos restantes por dos, nunca llegaremos a cero, sino que continuaremos indefinidamente. Parece que no hay manera de responder a esta pregunta.

Thomson dice que la lámpara no se puede encender, porque nunca hubo un momento en que se encendió sin que se apagara nuevamente poco después. Asimismo, la lámpara no se puede apagar, porque nunca hubo un momento en que se apagó sin volverse a encender inmediatamente después. Según el razonamiento de Thomson, la lámpara no está ni encendida ni apagada. Pero según la lógica, la lámpara debe estar encendida o apagada. Esta es una contradicción irresoluble.

La solución de la física cuántica.

Tanto Zeno como Thompson presuponen una realidad "continua", donde cada punto puede dividirse en dos infinitamente. La física cuántica ha demostrado que la realidad está cuantizada, es decir, granulosa. No es posible dividir aún más una cantidad física por debajo de una cantidad infinitesimal llamada "cuanto de Planck". Así que al final la lámpara estará encendida o apagada, pero no sabemos exactamente cómo será porque no sabemos cuándo las divisiones ya no podrán continuar, es decir, cuándo llegarán al límite. establecido por "granulosidad cuántica".

Metafísica de la ciencia. ¿Es el universo la suma de muchos objetos o es un solo objeto?

"Metafísica de la ciencia. ¿Es el universo la suma de muchos objetos o es un solo objeto?".

¿Qué es la metafísica de la ciencia?

Para empezar, hay que partir de la conocida y arraigada desconfianza que existe entre metafísicos y científicos. El gran problema es la idiosincrasia recíproca de las dos disciplinas con respecto a cualquier intento de incorporarlas a un contenedor unitario. Por tanto, la propia definición de "metafísica de la ciencia" surge en medio de grandes reservas.

Teóricamente, la metafísica de una ciencia empírica particular debe permitirnos investigar las cuestiones metafísicas que surgen dentro de esa ciencia.

Por ejemplo, en el inmenso valle de la física clásica se levantan monumentos indestructibles, como la naturaleza del espacio y el tiempo. En cuanto al uso práctico del espacio o el tiempo, todo es cognoscible y medible, la ciencia puede resolverlo todo. Pero, ¿será alguna vez posible investigar por medios empíricos dónde comienzan y dónde terminan el espacio y el tiempo? ¿Qué había antes del tiempo y qué hay más allá del espacio? Aquí la ciencia se da por vencida y la pregunta se vuelve metafísica.

El problema es que la ciencia no acepta especulaciones metafísicas sobre estos temas, y la metafísica cuestiona algunas certezas de la ciencia. Aquí está la dificultad de combinar los dos enfoques en la "metafísica de la ciencia".

Metafísica de las ciencias biológicas.

Lo mismo sucede en biología. Según la ciencia biológica, los organismos vivos se caracterizan por su sensibilidad y su actividad autónoma, gracias a la dinámica interna del metabolismo. Por tanto, un organismo vivo es un cuerpo capaz de constituir autónomamente su propia sustancia al obtenerla a partir de los elementos que el medio ambiente pone a su disposición. Eso es todo.

En cambio, la metafísica de la biología plantea el problema de por qué vive un organismo y qué es la "vida". La metafísica investiga para descubrir si la vida (y la muerte) son algo fundamentalmente diferente de los procesos químicos que hacen que una agregación biológica sea "existente" o no.

Metafísica de la mecánica cuántica.

Para la ciencia, el universo es un objeto especial hecho de materia, que contiene todos los demás objetos materiales. En cambio, cuando la metafísica investiga el universo, lo ve como un único objeto fundamental, el "Unus Mundus".

Una gran parte en apoyo de esta tesis metafísica, llamada monismo, proviene de la física cuántica.En el contexto de los estudios metafísicos sobre este tema, el filósofo Jonathan Schaffer incluso argumentó que el universo, si se desea, puede considerarse una agregación de diferentes objetos. Sin embargo, la suma de los objetos individuales es menor que el "todo".

Jonathan Schaffer afirma que el universo es un gran sistema "enredado", es decir, entrelazado, anudado. He descrito en numerosos posts anteriores el fenómeno del entrelazamiento entre dos partículas "relacionadas", es decir, nacidas del mismo evento. Estas partículas, incluso si se colocan a distancias inmensas, se comportan como si fueran una sola partícula. Esto sucede en el laboratorio. Pero, por supuesto, TODAS las partículas del universo están relacionadas porque surgieron del mismo gran evento inicial, el Big Bang.

Además, incluso a nivel científico, el entrelazado universal puede reconocerse sin dificultad considerando que la ecuación fundamental de la teoría cuántica, la llamada ecuación de Schrödinger, implica el entrelazamiento de todas las cosas. Frente a este argumento que es científico, la tesis metafísica de la unicidad del universo no puede ser impugnada por un científico objetivo. Quizás la física cuántica sea el primer caso en el que la disciplina de la "metafísica cuántica" adquiere dignidad al convertirse en algo más que un término enunciativo vacío.

Por lo tanto, si el universo es el objeto principal del que están contenidos todos los demás, pero la suma de sus partes vale más que la suma de las partes individuales, entonces el universo es más fundamental que todas sus partes. Es decir, si el universo es EL ÚNICO objeto fundamental, también es "UN SOLO" objeto fundamental.

Mentes iluminadas. Einstein y la telepatía.

"Las mentes iluminadas, los últimos japoneses y el estridente coro de monos".

Una mente iluminada no excluye nada a priori.

En 1930 el erudito Upton Sinclair publicó una de sus obras más famosas, "Mental Radio", en la que describía los experimentos realizados en el campo de la telepatía. Pocas personas saben que la edición alemana incluía un prefacio escrito por Albert Einstein que comenzaba con estas palabras:

> "He leído el libro de Upton Sinclair con gran interés y estoy convencido de que merece la más alta consideración".

Estas pocas palabras de Einstein son un ejemplo muy claro de lo que puede distinguir a un científico con una mente brillante de la masa de mentes mediocres. Einstein siempre estuvo animado por una profunda curiosidad y una sed de conocimiento. No excluyó nada a priori, pero en todo caso no renunció a investigar, a experimentar. Esto le llevó a desarrollar teorías, como la de la relatividad, que nadie había imaginado y en las que nadie habría creído salvo alguien como él, una mente libre de prejuicios.

Aunque dudoso, Einstein diseñó el experimento EPR.

Con el mismo criterio Einstein, si bien no compartía las implicaciones de la física cuántica, no la rechazaba a priori sino que ideó el experimento EPR para comprobar cuán real era esa teoría, incluso más allá de cualquier hipótesis creíble. Gracias a esta posible apertura de Einstein fue posible, en 1980, realizar prácticamente el experimento EPR (revisado por Bell) que proporcionó la prueba definitiva del entrelazamiento de partículas elementales.

Del mismo modo, el premio Nobel Wolfgang Pauli no desdeñó la colaboración con el psicoterapeuta Carl Gustav Jung en la elaboración de la teoría de la sincronicidad.

Los últimos japoneses del Pacífico y los monos aulladores.

Estas (y muchas otras) mentes iluminadas son contrastadas por los últimos japoneses del materialismo, que insisten en negar la evidencia con argumentos absurdos. Quieren negar la existencia de un nivel de realidad en el que ya no se aplican todas las reglas de la física clásica. En este nivel, el tiempo y el espacio ya no existen. Por lo tanto, es un nivel absolutamente liberado de las limitaciones de la materia. ¿Podemos decir un nivel psíquico?

Los científicos cuánticos han acuñado el término "no localidad".

Finalmente, está el coro de monos que critican e insultan a quienes hablan de la unión entre psiquis y materia. Lo hacen sólo para pasar el tiempo, sin saber por qué lo hacen, sin contraponer argumentos razonados, sino sólo torpes chillidos. Obviamente, los últimos japoneses deben ser respetados porque defienden las creencias honestas de toda una vida, sobre las que también pueden haber construido carreras y éxitos. Pero los monos que gritan sin saber por qué, son un poco patéticos en verdad muy patéticos.

Los materialistas lo reconsideran. Contraorden: el alma existe.

"Los materialistas lo reconsideran. Contraorden: el alma existe".

Contraorden: el alma existe. Un científico ateo afirma que el alma está ahí, está hecha de fluctuaciones cuánticas. Un brillante ejemplo de ciencia intelectualmente honesta es el de Roger Penrose y Stuart Hameroff. Durante más de veinte años los dos, un médico y un físico teórico, se han dedicado a profundizar en los estudios para intentar comprender qué es la conciencia.

Una ironía de naturaleza divina.

Comenzaremos hablando de la ironía humana y la ironía divina. En el plano humano, un gran maestro de la ironía fue sin duda Sócrates, que consiguió que sus ideas fueran enunciadas por quienes no las compartían. Partiendo de posiciones aparentemente compatibles con las convicciones de sus oponentes, Sócrates las impugnó utilizando una técnica o arte particular llamada mayeutica, similar a la profesión de partera. La partera da a luz niños, y así Sócrates dio a luz su verdad sacándola de la boca misma de los oponentes con los que conversaba.

En el plano celeste, todas las divinidades que ha conocido el mundo han tenido una característica común casi universal: la ironía. Se aplican a todos los versículos del Salmo 2:

"¿Por qué los pueblos conspiran, por qué los pueblos conspiran en vano? Quien mora en los cielos se ríe de él, el Señor se burla de ellos desde lo alto".

Extrañamente, este aspecto del carácter de los dioses nunca ha sido particularmente destacado por quienes, por otro lado, los representaron y defendieron con gran seriedad. Probablemente formaba parte del destino de los dioses irónicos tener muy pocos sirvientes irónicos, como notó Giordano Bruno en su piel.

Espero no ser irreverente al imaginar que a veces incluso la gran Inteligencia que gobierna el universo hace un espectáculo de ironía, en el mismo sentido en que Sócrates la pretendía y la practicaba. Es decir, la "Inteligencia Universal" saca su verdad precisamente de aquellos que la habían negado hasta el día anterior.

Creencias difíciles de erradicar.

Por supuesto, hay una gran diferencia en el comportamiento. Algunos, después de haber sostenido una tesis errónea, continúan haciéndolo obstinadamente aun cuando toda la evidencia apunta claramente en su contra. Me refiero a esa amplia franja de cultura materialista que, a pesar de enfrentarse a todas las evidencias que la física cuántica está aportando sobre la relación inteligente que une a todo el cosmos, sigue negando la existencia de un componente psíquico en el cosmos. Hay pseudocientíficos que han sostenido a lo largo de su vida que sólo existe la materia y que el hombre mismo es un títere que funciona como un reloj sobre la base de mecanismos ya predeterminados. Después de haber acumulado honores y beneficios dentro de esa comunidad científica que niega cualquier concepto de espiritualidad, ahora están obligados a no retractarse del error.

La otra cara de la moneda.

Sin embargo, hay científicos intelectualmente honestos que, a pesar de partir de una formación básica atea y materialista, ante los resultados de sus propias investigaciones saben enmendar su pensamiento y no tienen escrúpulos en hacer públicas sus nuevas creencias.

Entre ellos, muchos fundadores de la física cuántica. Por ejemplo, Werner Karl Heisenberg, físico alemán muy conocido por su "principio de incertidumbre", premio Nobel de física en 1932. Heisenberg afirmó haber recibido una gran ayuda para comprender los mecanismos cuánticos gracias a su experiencia mística en la filosofía Vedanta.

Erwin Schrodinger, Premio Nobel de Física 1933, también escribe en su biografía "Meine Weltansicht", refiriéndose a la espiritualidad oriental:

> “La multiplicidad es sólo aparente. La experiencia mística de unión con Dios conduce regularmente a este punto de vista, contrario a los fuertes prejuicios presentes en Occidente”.

Schrödinger no cree en la multiplicidad de cosas prevista por el materialismo, sino en una visión espiritual del cosmos donde "todo es Uno".

Un ateo establece que el alma existe.

Un brillante ejemplo de ciencia intelectualmente honesta es el de Roger Penrose y Stuart Hameroff. Durante más de veinte años los dos, un médico y un físico teórico, se han dedicado a profundizar en los estudios para intentar comprender qué es la conciencia.

Roger Penrose, matemático, físico y cosmólogo británico, es conocido por su trabajo en el campo de la física matemática. Nació en 1931 en Colchester, Reino Unido, por lo que en el momento de escribir este artículo tiene 87 años.

Profesor emérito de la Universidad de Oxford, Penrose ha ganado el Premio Wolf de Física, la Medalla Copley, la Medalla Eddington, la Medalla Einstein y muchos otros honores importantes. Fue teórico de "agujeros negros con estudios realizados con Stephen Hawking. Finalmente, en 2020 fue galardonado con el Premio Nobel de Física" por haber descubierto que la formación de agujeros negros es una predicción robusta de la teoría general de la relatividad".

Pasó la mayor parte de su vida desarrollando fórmulas matemáticas capaces de desentrañar los misterios del universo, desde los agujeros negros hasta la conciencia humana. No es irrelevante señalar que Penrose es un ateo acérrimo.

Stuart Hameroff es un anestesista estadounidense, nacido en Buffalo en 1947. Actualmente es profesor de la Universidad de Arizona y es conocido por promover el estudio científico de la conciencia y por sus teorías sobre los mecanismos que la gobiernan.

Recientemente Penrose y Hameroff publicaron un artículo en Physics of Life Reviews, en el que exponen la teoría sobre la existencia de "algo" que sobrevive al cuerpo físico después de su muerte.

El alma está hecha de fluctuaciones cuánticas.

Como explico en muchos posts anteriores, la física cuántica es probabilística; siempre hay muchas probabilidades de que una acción se lleve a cabo de cierta manera. Por ejemplo, si envía un fotón a una barrera con dos rendijas, ese fotón pasa por AMBAS. Sin embargo, si un observador "mira" ese fotón, entonces se dice que colapsa en una sola elección, es decir, cruza una sola rendija.

En la práctica, hay muchas probabilidades de que todas sean posibles, y es el observador quien puede hacer que se "colapsen" todas en una. Esa única posibilidad se convierte en realidad para el observador. Por lo tanto, cada observador puede obtener una "realidad" diferente. Asimismo, cada nueva observación produce una realidad diferente.

Penrose y Hameroff han documentado que en las neuronas humanas, y en particular en los microtúbulos presentes en las mismas neuronas, tiene lugar un proceso de fluctuaciones cuánticas por el cual las diversas acciones posibles colapsan en una sola. La resultante de todos estos colapsos es una "nebulosa" de fluctuaciones cuánticas capaz de sobrevivir a la muerte del cuerpo físico. Siendo la suma de todos los "colapsos", es decir, de todas las elecciones hechas en la vida, esta "nebulosa" puede representar la conciencia, o el alma, del individuo.

Preguntas inquietantes.

La pregunta que podemos hacernos en este punto es esta: dado que sobreviven a la muerte del cuerpo, ¿cuántas de estas nebulosas cuánticas individuales nos rodean?

Esta simple afirmación pone de manifiesto cuán profundo e insondable es el misterio de las almas. ¿Podría ser que sean estas nebulosas las que forman la nebulosa aún más grande que Jung llamó el inconsciente colectivo? De hecho, Jung hipotetizó precisamente esto, a saber, que el inconsciente colectivo contenía la experiencia de toda la humanidad vivida previamente.

Esta observación nos familiariza con el concepto de inconsciente colectivo, lo saca de cierta uniformidad gris y anónima y lo viste con lo más preciado, es decir, la memoria de personas que vivieron hace mil años. Pero no sólo de estos, también de los recuerdos más queridos, relativos a las personas que hemos conocido en nuestra vida hasta tiempos muy recientes.

Y finalmente, podemos aventurar una hipótesis bastante inquietante. Si las almas de los muertos fueran realmente la agregación de todas las fluctuaciones cuánticas de su vida, y por lo tanto fueran INFORMACIÓN, ¿no sería posible que la tecnología, en un futuro cercano o lejano, interceptara y decodificara esta información? ¿Y no sería posible, debido a los misteriosos mecanismos inherentes a la mente humana, que personas particularmente sensibles ya sean capaces de dialogar con estas "nubes de información", es decir, con las "almas" de los muertos?

Paradojas y temas relacionados.

La habitación china.

"¿Tendrán las computadoras conciencia humana? De la "Touring Machine" al Salón Chino".

En la jerga de la teoría computacional, una "máquina de Turing universal" (MTU) es una "máquina de Turing" capaz de simular el comportamiento de cualquier otra "máquina de Turing". Esta "máquina" fue propuesta en 1936 por Alan Turing, en un intento de dar una respuesta negativa al problema de la decidibilidad, el llamado "Entscheidungsproblem", planteado por David Hilbert en 1928.

La "Touring machine" tiene la particularidad de utilizar reglas de naturaleza muy simple, es decir, puede describirse como constituida por mecanismos elementales, por lo que es posible sintetizar su trabajo mediante descripciones mecánicas bastante intuitivas.

A pesar de esto, logra desarrollar el más alto grado de computabilidad al punto que sería capaz de realizar todos los cálculos que pueden realizar los otros modelos computacionales conocidos por el hombre.

Por ejemplo, las "funciones recursivas" de Jacques Herbrand y Kurt Gödel, el "cálculo lambda" de Alonzo Church y Stephen Kleene, la "lógica combinatoria" de Moses Schönfinkel y Haskell Curry, los "algoritmos de Markov", las "máquinas de Hao Wang", los "sistemas de registros elementales" o por Marvin Minsky, los "sistemas Post", los "sistemas Thue", etc.

De aquí surge la "conjetura de Church-Turing", según la cual para cada función computable existe una máquina de Turing equivalente.

La "máquina de Dennett"

En 1942, Daniel Clement Dennett, filósofo, lógico y psicólogo estadounidense, refiriéndose a la MTU de Alan Turing, argumentó que la inteligencia, como un todo, puede dividirse en una serie de tareas elementales, cada una de las cuales puede ser realizada por una máquina simple. Según Dennett, los procesos que tienen lugar en el cerebro no son más que realizaciones mecánicas de pequeñas "máquinas". Estas "máquinas" habrían sido desarrolladas por selección natural para hacer su trabajo sin necesidad de ninguna intervención fuera del cerebro, y mucho menos si se hipotetizaran en forma de "conciencia".

Las pequeñas "máquinas Dennett" serían capaces de realizar los procesos de selección de información al producir un flujo de "elementos de conciencia", o "similares a la conciencia". Este flujo es inestable, pero según sea necesario, los procesos de las máquinas de Dennett se combinarían para formar una sensación similar a la conciencia plena y completa. Por lo tanto, según Dennett, la idea de que todos nuestros actos mentales están coordinados por una conciencia externa al cerebro es una ilusión.

La habitación china de Searle.

Esta teoría es cuestionada por John Searle, profesor de filosofía en la Universidad de California en Berkeley, conocido por sus contribuciones a la filosofía del lenguaje y la filosofía de la mente. En 2000 Searle recibió el "Premio Jean Nicod". Este premio se otorga anualmente en París a un destacado filósofo o científico cognitivo orientado a la filosofía.

Para desafiar la teoría de Bennett, John Searle ideó el experimento mental llamado "Sala China". El experimento pretende demostrar que es erróneo asimilar la "mente" humana a una máquina computacional, es decir, a una computadora, ya que ninguna computadora puede "pensar" de la misma manera que los seres humanos. Searle supone que una computadora puede procesar información, pero sin comprender la semántica del idioma en el que se proporciona la información.

Searle describe su experimento mental de esta manera: imagina a una persona, por ejemplo John, sola en una habitación. John recibe tiras de papel del exterior que contienen ideogramas chinos y un manual (en el idioma de John) sobre la composición de ideogramas. Su tarea es poner los ideogramas en un orden lógico.

Incluso si John no entiende chino, aún puede establecer una regla de asociación. Puede hacerlo basándose en el manual, así como en la similitud y forma de los ideogramas. Así, John logra poner los ideogramas en un orden significativo.

En analogía con el lenguaje informático, John puede asimilarse a una computadora. La serie de ideogramas proporcionados a John sería una especie de base de datos. El manual reemplaza a un programa: gracias al manual, y por lo tanto al conocimiento de las reglas, Juan es capaz de ordenar los diversos ideogramas que ha recibido. Sin embargo, debido a que ignora el idioma chino, John nunca podrá comprender el significado real de los ideogramas.

Searle argumenta que una computadora se encontraría en una situación similar a la de John, quien podría manipular los caracteres chinos sin comprender su significado. Del mismo modo, las computadoras pueden clasificar los datos al comprender las reglas sintácticas, pero no pueden comprender el significado semántico de esos datos.

En última instancia, la computadora y cualquier inteligencia artificial nunca pueden simular el comportamiento de la mente humana. Esto se debe a que la mente humana, ante problemas complejos, cuando una emergencia lo requiere, es capaz de “salir del programa” y dar un salto, para establecer una nueva conexión. La mente puede elaborar inmediatamente un programa completamente nuevo e impredecible, descartando cualquier suposición predecible prevista en el programa inicial. La mente puede poner en juego datos que no estaban presentes entre los proporcionados originalmente. En última instancia, la computadora opera con sintaxis, no con semántica.

Una mente elemental vale más que una supercomputadora.

El experimento de la habitación china ha sido criticado, con argumentos bastante enrevesados, por los habituales círculos materialistas que no quieren abandonar la idea de que el ser humano no es más que un robot.

Creo que existen argumentos evidentes útiles para refutar la tesis de un cerebro mecánico, desprovisto de la necesidad de ser sustentado por una conciencia incorpórea y externa al cerebro.

Bastaría con comparar el comportamiento emocional de los seres humanos y el (en caso de que existiera) de un ordenador, o de un robot.

Por ejemplo, no creo que nunca sea posible implementar ese componente psíquico que Freud y Jung definen como "libido" en un robot, aunque con diferentes significados.

En el caso de Jung, el término 'libido' designa la energía psíquica general, presente en todo lo que es 'apetito' o 'pulsión vital', no necesariamente sexual, como quisiera Freud. El deseo que despierta la libido es una necesidad del cuerpo como el hambre, la sed, el sueño, el sexo o los estados emocionales y afectivos. Este impulso no está controlado por ningún tipo de autoridad, moral o de otro tipo. Para el psicoanalista suizo, la libido se expresa sólo a través de símbolos, que median entre la parte consciente y la inconsciente del ser humano. En un segundo período, Jung abandonó el término "libido", prefiriendo el de "energía psíquica" para referirse a lo que puede motivar al individuo a nivel espiritual, intelectual y creativo, y para distinguirse de la libido freudiana

¿Alguna vez un robot poseerá energía psíquica?

Quizás fue por su apariencia, pero durante mucho tiempo los neandertales tuvieron fama de falta de inteligencia, aunque últimamente es objeto de una fuerte revalorización. Pero considerándolo como un ejemplo de inteligencia seguramente primitiva y subdesarrollada como la del "sapiens sapiens" moderno, ¿alguna vez una computadora podrá igualarlo?

En la década de 1950, los restos de la tumba de una niña fueron encontrados en un yacimiento neandertal en Shanidar, Kurdistán iraquí, durante las excavaciones realizadas por el arqueólogo Ralph Solecki, de la Universidad de Columbia en Nueva York. Antes de ser enterrada, esa niña había sido cubierta con ramos de flores, como lo demuestra el polen aún presente en su esqueleto. El evidente tributo floral de una familia en duelo, o de un compañero que se queda solo. Excavaciones recientes en el mismo lugar confirman la costumbre de estos entierros.

Por lo tanto, creeré que la computadora puede igualar a la mente humana cuando vea a un robot enamorarse de otra máquina, y luego sentir lástima por su "muerte" y "enterrarla" honrando su cuerpo como lo hicieron los neandertales hace 50.000 años. Y también me gustaría que esta computadora, realizando la lamentable ceremonia, tuviera la secreta esperanza de volver a encontrarse con su "amada máquina" en una hipotética "vida futura"..

La navaja de Occam..

"La navaja de Occam.".

Un famoso fragmento del poeta griego Arquíloco dice lo siguiente:

> "El zorro sabe muchas cosas, mientras que el erizo sabe solo una, pero más importante".

En 1953, el filósofo de origen letón Isaiah Berlin, reflexionando sobre el significado de este aforismo, creó una de sus obras más famosas: "El erizo y el zorro". Naturalmente, los dos animales indican dos métodos diferentes de acercarse a las realidades de la vida, que Isaiah Berlin profundiza.

Los zorros son animales astutos, dotados de una inteligencia flexible y versátil, que implementan cada vez que les gustaría cazar un erizo para comer. Los erizos, por otro lado, tienen una creencia única pero muy pragmática: en presencia de zorros, se enrollan como bolas espinosas.

¿Quién ganará, la polifacética técnica de caza del zorro o la única estrategia defensiva del erizo? El erizo siempre gana.

El erizo, en efecto, ha aprendido que de nada le serviría hacer gala de inventiva y genialidad para organizar una mejor defensa. La única técnica que conoce funciona muy bien, y no es necesario complicarla. Sin haber estudiado filosofía ni artes militares, nuestro espinoso amigo aplica un principio al que normalmente se hace referencia como "la navaja de Occam". (o de Ockham). Es un principio que puede enunciarse de la siguiente manera:

"No multipliques los elementos más de lo necesario"

O:

"Es inútil hacer usando más recursos lo que puedes hacer usando menos"

La navaja de Occam es un principio metodológico, llamado en latín "Novacula Occami", que tiene un pragmatismo muy moderno aunque se remonta a Arquíloco o tal vez sea incluso anterior. Sin embargo, la tradición dice que fue exhibido orgánicamente por el fraile franciscano inglés William of Ockham. Este principio también se llama el "principio de la economía". Se cita en diferentes formas, pero la más utilizada es "las entidades no deben multiplicarse más de lo necesario" (non sunt multiplicanda entia sine necessitate).

El principio de Occam en la ciencia moderna.

Este principio fue tomado prestado sobre todo de los círculos científicos, de hecho, es la base del pensamiento científico moderno. En pocas palabras, postula que es inútil formular más hipótesis de las necesarias cuando se busca la explicación de un fenómeno dado. Generalmente las hipótesis iniciales son más que suficientes para dar respuestas válidas sin perder tiempo inventando otras.

Hoy en día es difícil encontrar ejemplos de ciencia para la ciencia, pero la ciencia es casi siempre la sirvienta de los negocios, por lo que tiene que caminar a pasos largos, tiene que pensar cada vez más rápido para llevar rápidamente a casa resultados válidos. Así, la navaja de Occam se convierte en una metodología casi indispensable en la investigación.

Este es un cambio importante desde el momento en que se enunció el principio. Ocurrió que los experimentadores de la época, más simplemente definidos como pensadores, se perdían en demostrar teorías muy complicadas, densas con ramificaciones igualmente complicadas. De esta manera terminaron perdiendo de vista el propósito de la investigación.

Por eso los científicos son muy aficionados a la búsqueda de la simplicidad, entre los que han destacado su importancia se encuentran, por ejemplo, Galileo, Newton, Lavoisier y Einstein.

Sin embargo, un filósofo molesto podría hacer una pregunta embarazosa, lo que también le habría creado problemas a Guillermo de Occam. ¿Qué es la simplicidad?

Pero tal vez William no se hubiera sentido avergonzado por esta pregunta. Tenía un concepto muy preciso de la sencillez: dado que el mundo fue creado por Dios sólo sobre la base de su voluntad, todos los conceptos relativos a reglas y leyes son inútiles.

Sin embargo, un enfoque menos fideísta debe adaptarse al uso científico que se hace de la navaja de Occam, porque cuando la ciencia saca a relucir un valor debe definirlo, sobre todo si lo utiliza como discriminador en sus valoraciones.

Sobre todo porque la ciencia condena el uso de navajas en aquellos campos definidos con cierto hedor bajo la nariz como "pseudociencias".

Las llamadas pseudociencias serían aquellas que tratan de explicar fenómenos más o menos misteriosos, muchas veces ligados a la psique como los fenómenos extrasensoriales, pero en ocasiones también ligados a la materia. Esto se deriva del hecho de que, para explicar una teoría más o menos misteriosa, se hipotetizan otras aún más improbables.

Tomemos el caso de las murallas ciclópeas prehistóricas, presentes en todo el planeta y construidas con una técnica tan depurada que aún hoy no se puede imitar.

Son maravillas arquitectónicas y no sabemos cómo esos pueblos antiguos lograron hacerlas. Por eso, hay quienes plantean que solo fue posible gracias a tecnologías alienígenas. Sin embargo, según la navaja de Occam, sería más lógico creer que los primitivos constructores triunfaron por sí solos explotando ingeniosamente el conocimiento de la época. De esta manera podemos desmontar hipótesis complejas como que los extraterrestres existen, llegaron a la tierra, se comunicaron con esos pueblos y se fueron sin dejar rastro. La navaja de Occam permitiría eliminar estas complicadas hipótesis de sustentar, manteniendo válida la hipótesis de que nosotros mismos construimos esos muros.

De la misma manera podríamos impugnar la existencia de un paraíso terrenal, hipótesis no probada que sólo podría demostrarse proponiendo otra hipótesis no probada, la de la existencia de Dios.

Pero, ¿qué es la sencillez?

Por tanto, la ciencia, fortalecida por sus presupuestos, establece lo que debe ser simple, o más simple, o menos simple, o no simple.

Así que tratemos de definir "simplicidad".

Primero, establezcamos que hay diferentes tipos de simplicidad.

Simplicidad cuantitativa: es la que requiere menos elementos para definir una realidad.

La simplicidad cualitativa: es la que requiere menos tipos de entidades diferentes.

La sencillez del proceso: el que requiere menos pasos causales.

La simplicidad que requiere el uso de menos hipótesis auxiliares que la hipótesis principal.

La simplicidad de la simetría: aquella que presenta menos asimetrías que una hipótesis de referencia.

… Y se pueden imaginar otros tipos.

La filosofía de la ciencia propone al menos una docena de definiciones diferentes de simplicidad. Las hipótesis de la sencillez también pueden ser subjetivas: podemos definir la sencillez según lo que creamos sobre la realidad en la que vivimos: cuántas partículas elementales existen, cuántas fuerzas elementales hay. Las fuerzas elementales conocidas hoy en día son cuatro, pero ya se habla de una quinta. Las partículas entonces (detalle nada despreciable, ya que estamos hechos de partículas) son innumerables, pues continuamente se descubren nuevas.

En pocas palabras: ¿Cómo establecemos la simplicidad de un tema que puede ser más simple cuando se ve desde uno de estos ángulos, pero menos simple cuando se ve desde otros ángulos?

Después de todo, la ciencia está repleta de teorías simples que han demostrado ser incorrectas y han sido reemplazadas por teorías más complicadas.

Vea la creencia de Ptolomeo de que la Tierra estaba en el centro del universo. Vea la creencia de Galileo de que las órbitas de los planetas eran circulares. Véase la creencia de Lavoisier de que la Tabla de elementos contenía 33 sustancias elementales (hoy conocemos 118). Ver la teoría de Einstein sobre la existencia del éter.

La navaja de Occam en nuestra vida diaria.

En lo que a nosotros respecta, la belleza es que podemos decidir en total arbitrariedad qué es simple y qué no lo es.

Por supuesto, si usáramos la navaja de Occam para racionalizar a nuestros amigos en Facebook, encontraríamos mucho que cortar. Podríamos establecer que el calificativo de "más sencillo" debe atribuirse a los más cultos, o incluso a los rudos siempre que sean bellos.

En la vida ya usamos la navaja de Occam cuando decidimos abastecernos solo en las tiendas más baratas, o tomamos las más estimulantes por la variedad de productos, o cualquier otro criterio. Cuando descubrimos una nueva tienda, la "afeitamos" o no.

Por eso, al final de un largo discurso, diría que hablamos de algo que conocíamos muy bien aunque alguien no supiera que se llamaba así. Sucede..

Unas palabras sobre Guillermo de Ockham.

Nacido en Ockham, Surrey, a finales del siglo XVIII. 13°. Murió en 1349 o 1350.

Habiendo ingresado en la orden franciscana, estudió en Oxford, donde en 1319 fue profesor. Durante este período estuvo particularmente preocupado por los problemas filosóficos. Acusado de herejía, en 1324 Ockham tuvo que presentarse ante la curia papal en Avignon, donde estuvo detenido durante cuatro años. Cuando logró escapar se dirigió a Pisa con el padre general de la orden franciscana, Michele da Cesena. Michael también estaba en conflicto con el Papa Juan XXII, sobre la cuestión de la pobreza de la orden. Con ellos estaba también su hermano Bonagrazia de Bérgamo, que también estaba en conflicto con el pontífice. Los tres franciscanos fueron excomulgados pero recibieron protección del emperador y se retiraron a Munich. En esta ciudad William Ockham escribió sus tratados políticos, en apoyo a la política del emperador, que quería liberar la autoridad imperial de la del papado.

"Oves et boves et universa pecora". ¿En qué granja vivimos?.

"¿Imágenes post-orwellianas?".

Hagamos un ejercicio de imaginación imaginando nuestro planeta como una gran granja, donde cada uno de nosotros juega un papel similar al de varios animales. De hecho, todos aspiraríamos a ser los factores rectores en la granja, pero nuestro papel es mucho menor. ¿Una hipótesis arriesgada y mortificante? Tal vez no. Esta granja orwelliana podría ser el punto de partida que conducirá, a través de sucesivos sincronismos culturales, a la consecución del "Punto Omega".

Oves et boves.

La frase "Oves et boves" es bastante similar a la que se usa actualmente, que dice "Perros y cerdos", es decir, "todos". Desde el punto de vista etimológico, es una antigua fórmula notarial, utilizada en los casos de venta de una finca con todo el ganado. Con "Oves et boves" nos referimos a animales preciosos como ovejas y vacas, probablemente también cerdos. Para mayor escrúpulo se añadió "et universa pecora", con referencia al "pecus", es decir a todos los demás animales pequeños como, por ejemplo, gallinas y otras aves, gatos, perros, anfibios, roedores, etc., hasta garrapatas de perro, lombrices de tierra y moscas de la uva. En efecto, ningún ser viviente podía sustraerse al dominio que ejercía el factor sobre su propiedad.

En este punto, podemos hacer un ejercicio de fantasía imaginando nuestro planeta como una gran granja, donde cada uno de nosotros juega un papel similar al de los oves, o boves, o la categoría más baja llamada "et universa pecora". De hecho, sin embargo, todos preferiríamos ser dueños de la granja.

¿Una hipótesis arriesgada y mortificante? No tan. Tomemos como ejemplo una de las granjas ficticias más conocidas.

La granja de Orwell.

Animal Farm es un cuento alegórico de George Orwell publicado por primera vez el 17 de agosto de 1945.

La novela está ambientada en una granja cerca de Willingdon, Inglaterra, donde los animales, cansados de ser sometidos a la explotación de su granjero, se rebelan. La revuelta tiene éxito y los animales cambian el nombre de la granja a "Animal Farm". En este punto escriben los Siete Mandamientos: el más importante es “Todos los animales son iguales”. Pronto, sin embargo, los cerdos se creen más iguales que los demás y deciden que serán los nuevos factores, superiores a los demás animales.

La granja de Orwell es el paradigma de una gran verdad: nunca ha habido una comunidad (animal o humana) en la historia humana que no haya comenzado con las mejores intenciones, proclamando que "oves et boves son iguales a todos los demás animales".

Desafortunadamente, este principio de igualación siempre queda anulado por la existencia de un "factor" que escribe las reglas y por lo tanto es más igualitario que los demás.

La comunidad humana.

La comunidad humana en su conjunto, y cada comunidad en particular, nunca escapa a esta regla. Desde el punto de vista de la organización social, siempre hay un rey que, por el bien de su pueblo, los envía a morir librando guerras en nombre de ideales inverosímiles como "la defensa de las fronteras sagradas" u otras motivaciones extravagantes.

Desde el punto de vista de la organización espiritual, las castas religiosas de todos los tiempos han predicado la igualdad de los hombres sólo para establecer que las castas son más iguales y pueden reclamar el poder de establecer reglas e imponer ceremoniales, verdades reveladas y dogmas.

En el plano de las relaciones individuales, en toda sociedad, hasta las "granjas familiares", se solidifican costumbres y hábitos que establecen prioridades y derechos reservados sólo a algunos, por ejemplo, a los individuos varones, mientras que otros grupos sociales son sometidos y reducidos casi a esclavitud.

Una evolución incompleta.

Nuestro cerebro está evolucionando de forma extraordinaria desde el punto de vista de las capacidades prácticas. Por ejemplo, todos somos capaces de conducir un coche y, en el caso de los adelantamientos, sabemos realizar cálculos complejos con precisión como la evaluación de la velocidad de nuestro vehículo, el vehículo que tenemos delante y el vehículo que está. llegando al carril opuesto. Con esta información decidimos si es posible adelantar. Lo hacemos sin usar lápiz y papel, ni calculadoras de ningún tipo. Sabemos cómo usar con maestría herramientas muy complicadas como las computadoras modernas y los teléfonos celulares. Nuestra inteligencia de "ingeniería" ha evolucionado enormemente desde que apenas sabíamos cómo picar una piedra para usarla como arma.

Sin embargo, nuestra inteligencia y sensibilidad social no se han desarrollado en la misma medida. Cuando están en juego nuestros intereses, el egoísmo sigue prevaleciendo.

¿Siempre será así?

Muchos dicen que la evolución humana es solo la suma caótica de una aleatoriedad infinita. De hecho, hoy estamos mucho mejor que nuestros antepasados trogloditas. Digamos que hoy vivimos mucho mejor, a pesar de nosotros mismos. Casi parece que una “fuerza” nos ha guiado por un camino del que siempre hemos intentado desviarnos, pero sin conseguirlo (afortunadamente).

Mientras esta fuerza nos guiaba por el camino del constante progreso técnico y civil, organizamos guerras, planeamos asesinatos y destrucciones, luchamos por ser los dueños de nuestras haciendas.

Afortunadamente, hasta ahora, la "fuerza" ha sido más poderosa que nosotros, por lo que nuestra especie ha sobrevivido y hoy estamos aquí lanzando sondas hacia Marte que pronto colonizaremos.

Las sincronicidades teorizadas por Carl Jung.

Según Carl Jung, psicoanalista y filósofo suizo, esta "fuerza" se expresa con acciones particulares llamadas sincronicidad. Jung afirmó que las sincronicidades pueden considerarse como "mensajes" dirigidos a personas individuales y se expresan a través de la ocurrencia de coincidencias particulares que él define como "numinosas". La suma de estas extrañas coincidencias podría generar "dudas" o "preguntas" en la psique de una persona, incitándola a reflexionar sobre aspectos particulares de su vida.

Posteriormente, un exégeta de Jung, Joseph Cambray, perfeccionó esta teoría.

Joseph Cambray es un psicoanalista junguiano de renombre internacional que ocupa importantes cargos en varias asociaciones y es profesor titular en la Escuela de Medicina de Harward.

En su libro "Sincronicidad. Materia y psique en un universo interconectado" Cambray propone una extensión de la teoría de Jung, y sugiere que en la base de muchas evoluciones culturales de la humanidad existe un "mecanismo sincrónico". Este mecanismo ha promovido sincronicidades y las ha acompañado en su desarrollo.

En la práctica, Cambray potencia la acción de las sincronicidades considerándolas efectivas, tanto en el ámbito individual, como en el colectivo de los grupos humanos, de los pueblos y del universo entero. Él las define como "sincronicidades culturales".

A modo de ejemplo, Cambray vuelve a proponer los acontecimientos que acompañaron el nacimiento de la democracia en la antigua Grecia en clave sincrónica.

Esta sincronicidad se habría desarrollado durante un tiempo histórico que abarca décadas. Finalmente, culminaría con la reforma de Clístenes, ocurrida en el 508-507 a.C.

Este evento interesó inicialmente a un pequeño pueblo, pero ha contagiado al mundo y hoy en día muchas naciones practican un régimen democrático.

Por lo tanto, la misteriosa "fuerza" que guía a la humanidad hacia etapas evolutivas cada vez más avanzadas podría parecerse mucho a las sincronicidades teorizadas por Carl Jung.

¿Dónde surgen estas sincronicidades? Según Jung, su origen se encuentra en el inconsciente colectivo, que contiene toda la experiencia de la humanidad, en forma de arquetipos. Los arquetipos pueden fluir del inconsciente colectivo al individual en forma de sincronicidad. Cuando lo hacen, involucran al individuo (oa la comunidad) en un conjunto de coincidencias "numinosas".

Si ha experimentado eventos extraños para los que no puede encontrar una explicación lógica, comienza a preguntarse si esto no fue una sincronicidad, es decir, un mensaje para usted de una "conciencia universal".

El punto Omega y la "granja" ideal.

No podemos olvidar una profecía formulada por un científico, Pierre Teillard de Chardin. Según su teoría, el universo evoluciona constantemente hacia niveles más altos de complejidad y conciencia que van desde la geosfera hasta la biosfera y la noosfera. Para Teilhard de Chardin el universo, si es atraído a un punto supremo de complejidad y conciencia, puede moverse en la dirección de una creciente complejidad y una conciencia creciente. Para esto Teilhard de Chardin formuló el concepto de "Punto Omega". No es sólo la culminación del proceso evolutivo. De hecho, el Punto Omega es el colmo de la complejidad y la conciencia.

Entonces, ¿la humanidad futura está destinada a superar el concepto de la granja orwelliana? ¿Viviremos en una granja ideal donde todos los animales sean verdaderamente iguales?

La granja ideal, por ahora, sigue siendo solo una profecía mística. Lo encontramos en un texto religioso, el libro del profeta Isaías (11,6-8):

"El lobo habitará con el cordero,
la pantera se acostará junto al cabrito;
el becerro y el león joven pacerán juntos...
El niño jugará en el hoyo del áspid;
el niño meterá la mano en la guarida de las serpientes venenosas"

Pandemias. ¿Es todo culpa de los murciélagos?

"Pandemias. ¿Es todo culpa de los murciélagos?".

Los animales son crueles porque tienen que serlo, no tienen voluntad para decidir lo contrario y no son conscientes de su crueldad. La gran diferencia es que nosotros, en cambio, somos conscientes de ello. Podríamos evitar la crueldad. A pesar de esto, somos crueles. Ninguna parte de la creación escapa a nuestra codicia. Probablemente no haya ningún ser biológico visible que, en algún lugar del planeta Tierra, no sea cazado, cruelmente asesinado, desmembrado y mutilado, más por diversión que por hambre.

La fuente principal de la pandemia.

La ciencia oficial ha establecido que la fuente principal de la pandemia actual (al igual que con muchas pandemias anteriores) se encuentra en los murciélagos. El virus vive en los murciélagos sin hacerles daño. De los murciélagos el virus habría pasado a un huésped intermedio, probablemente una civeta o una serpiente, y de éste al hombre. Pero, ¿cómo podría el virus "saltar" de estos animales a los humanos? Sencillo, lo hizo porque los humanos normalmente nos comemos todos estos animales, y muchos otros. El mercado de Wuhan contenía miles de puestos, muchos de los cuales comúnmente vendían murciélagos, civetas y serpientes aún vivas. Esto sucede en casi toda Asia. Los compradores se las arreglan para matar a los animales en sus casas, para cocinarlos. Entonces se infectan con su sangre.

Una entrevista reveladora.

El 16 de abril de 2020, el diario italiano "La Repubblica" publicó una entrevista a David Quammen (autor del conocido texto "Spillover") realizada por un grupo de estudiantes. Aquí hay algunos extractos significativos.

"Sr. Quammen, entonces, ¿Covid-19 es la gran epidemia, la" Big One "sobre la que escribió?"

"Sí, el Covid-19 es el tipo de epidemia por el que había dado la voz de alarma. Es la primera con dimensiones globales después del lanzamiento de mi libro, pero no es la última zoonosis con potencial para convertirse en una pandemia. Debemos esperar a otros y para ello debemos prepararnos mejor para que el próximo derrame no se convierta en otro Big One global, otra pandemia".

"¿Por qué ha estallado esta epidemia ahora? ¿Los humanos hicimos algo mal?".

"Todo comenzó como algo pequeño, después de que el virus pasara de los murciélagos a los humanos. Empezó porque hay un contacto destructivo entre los humanos y la naturaleza. Esto es algo que sucede no solo en China, sino en todo el mundo. En China, sin embargo, tuvimos particularmente mala suerte esta vez. El virus que nos llegó de los murciélagos era particularmente versátil, capaz de replicarse en humanos y de pasar fácilmente de una persona a otra. No estábamos preparados para esto. En realidad, los científicos sabían que podía suceder, pero los políticos se negaron a gastar dinero para prepararse. Así que ahora tenemos un desastre global".

"Incluso el virus del ébola puede haber pasado de los murciélagos a nosotros. ¿No sería más seguro matar a todos los murciélagos, o al menos evitar todo contacto con estos animales?".

"Sí, muchos virus nuevos que causan epidemias en humanos provienen de murciélagos. Un virus similar a este probablemente había estado entre ellos durante miles de años, pero la evolución había hecho posible que no se enfermaran. Sin embargo, la solución no se plantea en el exterminio de los murciélagos. Lo necesitamos en nuestros ecosistemas. La solución es dejarlos vivir en paz".

"¿Hay alguna lección que podamos aprender de Covid 19 para tratar de evitar otras pandemias?"

"Sí, al menos dos. Primera lección, pequeña y fácil: dejemos a los murciélagos solos y lejos de nosotros. Segunda lección, más difícil: debemos reducir la destrucción del mundo natural y esto significa reducir el crecimiento de la población mundial y reducir el ritmo de nuestro consumo".

Un enfoque equivocado.

La zoonosis es una infección que pasa de los animales a los humanos porque compartimos el mismo reino biológico. Pero si somos tan parecidos, ¿por qué la transición entre especies provoca efectos tan devastadores?

Las causas ciertamente hay que buscarlas en el erróneo acercamiento que tenemos con especies biológicamente similares a las nuestras, pero no humanas. La nuestra no es una actitud de convivencia, sino de robo. La verdad sobre cómo vemos nuestra relación con la naturaleza se destaca claramente en la pregunta que le hizo un estudiante a Quammen en la entrevista citada anteriormente:

"¿No sería más seguro sacarlos a todos?"

Esta forma de razonar nos parece natural y comprensible. No es ni remotamente imaginable que las especies no humanas deban ser respetadas si nos molestan.

Es extremadamente molesto tener que imaginar cualquier intento de comprender sus necesidades. Es obvio que las especies "inferiores" deben ser aprisionadas, usadas, explotadas, torturadas, asesinadas, comidas, agobiadas en la nada que poseen para doblegarlas, más allá de una necesidad real, pero con el mayor sadismo, sometiéndolas a nuestra necesidades más inútiles.

El hombre siempre ha aplicado estos métodos a otros hombres, podemos imaginar si alguna vez puede ser escrupuloso al aplicarlos a los animales.

Es cierto que hasta los animales son crueles. Los murciélagos no tienen problemas para triturar cientos de insectos atrapados en una noche de caza con sus afilados dientes. Pero esto es parte de una animalidad ineludible, de un instinto que no prevé alternativas.

Los animales son crueles.

Los animales son crueles porque tienen que serlo, no tienen voluntad para decidir lo contrario y no son conscientes de su crueldad. La gran diferencia es que nosotros, en cambio, somos conscientes de ello. Podríamos evitar la crueldad. A pesar de esto, somos crueles. Ninguna parte de la creación escapa a nuestra codicia. Probablemente no haya ningún ser biológico visible que, en algún lugar del planeta Tierra, no sea cazado, cruelmente asesinado, desmembrado y mutilado, más por diversión que por hambre.

¿Cuánta carne aporta un murciélago de unos pocos gramos? En muchos locales de moda frecuentados por la nueva burguesía asiática, los murciélagos no se sirven como remedio para saciar el hambre, sino como alimento refinado reservado a una élite de sibaritas.

De ahí surge el grito de un dolor insoportable que no proviene del poder y la voluntad de los animales individuales. Es un grito que indigna y desgarra la armonía del universo. El animal puede comprender su destino cuando se encoge en el fondo de la jaula o cuando mira a su torturador con ojos aterrorizados, pero no puede clamar venganza, porque no conoce este sentimiento. El animal puede rebelarse arañando y mordiendo, pero esta no es la rebelión efectiva.

La verdadera rebelión es la que brota de la impotencia de los humildes y la generan los espíritus de las especies, del fondo de las armonías violadas, de las deidades tutelares ignoradas, ofendidas y humilladas, de la compasión del cielo y de la tierra por los traicionados. y criaturas violadas. El alma del mundo llora y clama venganza por aquellos que no pueden hacerlo. La piedad, pisoteada por otros seres, es la misma que el hombre encuentra pisoteada cuando la busca para sí mismo. La misericordia es la misma para todos. La misericordia pisoteada es una planta que siempre florece. Su flor es sanguina, tiene dientes afilados y garras largas y afiladas. Su nombre es Némesis.

No mates.

El mandamiento bíblico aparece tanto en el capítulo 20 del Éxodo como en el capítulo 5 de Deuteronomio. En ambos casos, el mandamiento es de una concisión ejemplar y dice exactamente así:

"No mates."

La brevedad beneficia enormemente a la claridad. No hay condiciones, cautelas ni códigos interpretativos. El mandato es seco, perentorio, único en su enunciación. Es fácil de entender y no deja lugar a interpretaciones ambiguas.

Ningún otro libro sagrado había enunciado previamente este mandamiento, y nadie lo ha hecho desde entonces. Como todos los demás, este mandamiento no fue escrito sólo para los israelitas en el desierto, sino para toda la humanidad y para todos los tiempos.

Muchos mandamientos hoy en día se interpretan de manera diferente a la interpretación original. El mandamiento "No matarás" ha sido interpretado, hasta ahora, en el sentido de "No matarás a tu amigo".

Pero el mandamiento no lo dice. El texto preciso es "No matarás".

Probablemente (y con suerte) llegará el momento en que será posible extender la interpretación al sentido más literal: no mates, punto. ¿Ni siquiera una mosca? No, ni siquiera una mosca.

Para lograrlo, será necesaria una gran mutación evolutiva del hombre. El Dios bíblico lo ha previsto, por eso claramente escribió "No matarás" sin especificaciones ni excepciones. En esto la Biblia muestra que es el libro para todos los tiempos. No solo es moderno, es futurista. "No matarás" es una instrucción que encontrará su cumplimiento en un tiempo futuro. Debemos esperar a que se produzca una poderosa mutación de la especie humana.

Pero, ¿realmente existe el universo?

"Pero, ¿realmente existe el universo? Universo total de energía cero".

Si la materia y la energía en el universo son cero, entonces la materia y la energía no existen. Entonces, ¿de qué "fantasma" del universo estamos hablando? Esta teoría (apoyada por Stephen Hawking) se basa en la hipótesis de que la energía total del universo es exactamente cero. En la práctica, la energía positiva debida a la materia estaría exactamente contrarrestada por la energía gravitatoria negativa.

Universo de energía cero total,

Los cosmólogos cuánticos han presentado una propuesta realmente sorprendente para responder a esta pregunta.

La propuesta consiste en la denominada teoría del "Universo con energía total cero".

Esta teoría se basa en la hipótesis de que la energía total del universo es exactamente cero. En la práctica, la energía positiva debida a la materia quedaría exactamente contrarrestada por la energía gravitatoria negativa y por tanto quedaría anulada por el principio incontrovertible de que si sumamos +1 a -1, el total es cero.

Lo que pensaba Stephen Hawking.

Stephen Hawking escribe en uno de sus artículos:

> "En la región del universo que podemos observar hay algo así como 10^80 partículas de materia. ¿De dónde se originaron estas partículas? La respuesta es que, en la teoría cuántica, las partículas se pueden crear a partir de energía en forma de pares formados por una partícula y su antipartícula. En este punto, sin embargo, surge el problema de dónde se originó esta energía. La respuesta es que la energía total del universo es exactamente cero.
>
> La materia del universo está compuesta de energía positiva. Sin embargo, hay que tener en cuenta que toda la materia se sigue atrayendo entre sí por medio de la fuerza de la gravedad. Dos piezas de materia colocadas una cerca de la otra tienen menos energía que dos piezas idénticas, pero entre las cuales hay una gran distancia: esto se debe a que se debe gastar energía para mantenerlas separadas contra la fuerza gravitacional que las hace acercarse (y cuyo efecto , en el segundo caso, sería despreciable). Entonces, en cierto sentido, el campo gravitacional tiene energía negativa. Si tomamos entonces todo el universo, es posible demostrar que la cantidad de esta energía gravitacional negativa es exactamente tal como para cancelar la energía positiva de la materia; de modo que la energía total del universo es cero."

Creación de la nada.

Vuelve a estar de actualidad la declaración de Fracastorio en la "Cena de le ceneri" (de Giordano Bruno). "Nullibi ergo erit mundis. Omne erit in nihilo:" (Entonces el mundo no estará en ninguna parte, entonces estará limpio. Todo será nada, igual a cero".

Según la teoría del "Universo con energía total cero", la masa existente en el universo, que tiene signo positivo, es exactamente igual a su energía gravitatoria, que tiene signo negativo. Dado que la expansión del universo genera un aumento de la fuerza de gravedad negativa, ésta a su vez genera un aumento de masa de valor positivo.

Por lo tanto. la masa se crearía naturalmente, a expensas de la creciente fuerza de la gravedad.

En conclusión, el científico Edward Tyron cree que la creación del universo es posible a partir de las particulares fluctuaciones cuánticas del vacío inicial que generan pares "partícula-antipartícula". Estas fluctuaciones, partiendo de una región microscópica, habrían originado pequeñas inhomogeneidades inestables desde el punto de vista de la relación masa/gravedad. Estas no homogeneidades, magnificadas por un proceso llamado inflacionario, habrían dado lugar a estructuras cada vez mayores hasta galaxias y cúmulos de galaxias..

El vacío cuántico.

En otras palabras, si hipotetizamos la existencia original del vacío cuántico, la formación "ex nihilo" del universo sería posible y derivaría de leyes naturales. Queda la cuestión de quién escribiría estas leyes.

El problema también es otro, y no se puede resolver aquí. Si la materia y la energía en el universo son cero, entonces la materia y la energía no existen. Entonces, ¿de qué fantasma del universo estamos hablando? ¿Realmente se ha creado algo "ex nihilo", o todo es solo una gran ilusión? Quizás todo lo que creemos ver es solo el producto de una inteligencia que construye una realidad que solo se remonta a un gran sueño.

Los meta-lugares. ¿Uno, ninguno, muchos o infinito?

"Metaluogos. Los muchos hijos de la localidad cuántica".

La "localidad" es un principio situado en la base de la física newtoniana. Cualquier cosa sujeta a la localidad se puede pesar, medir y reproducir en el laboratorio. De ahí la creencia inevitable e inquebrantable de que la realidad es exclusivamente materialista. Sin embargo, se ha demostrado una localidad no newtoniana, denominada, precisamente, "no-localidad". ¿Qué pasa aquí?

Lugares y meta-lugares.

Antes de hablar de meta-lugares conviene ponerse de acuerdo sobre el concepto de lugar. Desde el punto de vista de la física clásica, el lugar es una parte del espacio material y temporalmente limitada. En esta parte del espacio tienen lugar los fenómenos físicos conocidos. En base a esta característica, los fenómenos físicos se denominan "locales". La localidad es un rasgo indispensable para la validación de cualquier fenómeno. Vivimos en un universo localizado. Toda la física newtoniana, e incluso la relatividad einsteiniana, funcionan porque describen fenómenos que se corresponden perfectamente con las características de la localidad. Todo lo que está sujeto a localidad puede ser pesado, medido y reproducido en el laboratorio (o podría ser con instrumentos suficientemente precisos). De ahí la creencia inevitable e inquebrantable de que la realidad es exclusivamente materialista. De hecho, si una "cosa" es materia, como una piedra, por ejemplo, esa piedra se puede pesar. medida y reproducida. Así que el estudio de las piedras se atribuye a la física. Por el contrario, "cosas" como Shambala, El Dorado, la Tierra de los Juguetes, la Tierra Media, el Cielo, el Infierno y el Purgatorio no son localizables, por lo tanto no son pesables ni medibles y por eso se dice, en los casos más benévolos, lugares fantásticos o inventos para los tontos. El estudio de estas "cosas" se atribuye a la metafísica.

Por lo tanto, dado que la metafísica describe instancias que no pueden ubicarse en el dominio de la física, estos lugares pueden definirse como meta-lugares.

En busca de un meta-lugar existente.

De hecho, bastaría con demostrar que existe un solo metalugar, para allanar el camino a la afirmación de que todos los metalugares existen, o, al menos, podrían existir, aunque sólo sea gracias a la propiedad transitiva que establece:

si A = B y B = C entonces A = C.

Imaginemos que se demuestra que el metalugar B existe.

A = todos los meta-lugares;

B = uno de los muchos meta-lugares;

C = existencia afirmada.

Como A = B y B = C, entonces A = C.

El problema es que, hasta hace unas décadas, nunca se había demostrado que existiera ningún meta-lugar. Aunque legiones de eruditos y filósofos habían escrito al respecto, ni siquiera se había demostrado que existieran los meta-lugares más fascinantes, como el Mundo de las Ideas de Platón o el inconsciente colectivo de Carl Jung.

Las características de un meta-lugar.

Como ya se ha dicho, un lugar, para ser considerado un meta-lugar, debe estar libre de todas las limitaciones propias de la localidad newtoniana, principalmente:

1) No debe tener "medidas" como largo, ancho, alto y peso. Los fenómenos en su interior no serían atenuados por la distancia, porque no habría distancias. La velocidad de la luz no tendría sentido, el intercambio de información sería instantáneo y total.

2) No debe estar sujeto a la flecha del tiempo. No debe haber conceptos como "antes" y "después" dentro de él. Por lo tanto, los conceptos materialistas de causalidad y determinismo, según los cuales todo evento es causado por un evento que lo precede y determina eventos posteriores, ya no serían aplicables en un meta-lugar.

¿Crees que tal lugar (o meta-lugar) nunca podría existir? Estas muy mal. Ciertamente existe, y su existencia ya fue probada científicamente en los años 80 del siglo pasado.

Año 1982: un experimento impactante.

Ya he descrito en otros posts el fenómeno del entrelazamiento cuántico, demostrado en 1981-82 por Alain Aspect mediante la implementación en el laboratorio de un experimento sugerido por Stewart Bell en su teorema llamado "desigualdad de Bell". Este teorema quería arrojar luz sobre el experimento mental anterior llamado EPR, propuesto por el trío Einstein, Podolski y Rosen. EPR cuestionó las teorías cuánticas formuladas por la "Escuela de Copenhague" de Niels Bohr. En verdad, EPR quería explicar lo inexplicable a partir de supuestos erróneos.

Alain Aspect fue el primero en demostrar, sin duda, la existencia real del fenómeno llamado "entrelazamiento cuántico".

Nace la no localidad cuántica.

Si dos partículas (por ejemplo, dos fotones de luz) nacidas de un mismo evento se mueven a distancias astronómicas, incluso a los lados extremos del universo, aún pueden comunicarse entre sí como si fueran uno. Sus comportamientos son recíprocos y contemporáneos. Si una partícula cambia su "spin", al mismo tiempo la otra también lo cambia, a cualquier distancia en el espacio.

Es evidente que todo esto ocurre fuera de los criterios de localidad propios de la física clásica.

De hecho, no existe un mediador capaz de mover información "físicamente" entre los dos fotones de manera contemporánea. Como mínimo, la información debería moverse a la velocidad de la luz.

De hecho, el principio de localidad establece que los objetos distantes NO pueden tener una influencia instantánea entre sí: un objeto se ve afectado directamente solo por su vecindad inmediata.

El experimento de Aspect muestra que, al menos en un caso, puede ocurrir lo contrario.

Este experimento de Aspect se ha repetido cientos de veces en decenas de laboratorios, con métodos cada vez más sofisticados. Actualmente el experimento ha evolucionado de manera extraordinaria: hoy no solo se ponen en estado de "entrelazamiento" dos fotones, sino miles de millones de partículas al mismo tiempo.

Para los físicos materialistas, la no localidad ha sido, y sigue siendo, como una cuchilla que atraviesa la carne. Al no poder burlarse ni tapar las pruebas, el gran bochorno se resolvió normalizando el conflicto. El fenómeno fue aceptado a la fuerza catalogándolo con una nueva etiqueta sin el prefijo "para". Así nació la "no localidad". Como afirmó cínicamente Mao en su Pequeño Libro Rojo: "Si no puedes destruir a tu oponente, conviértete en su amigo". ¡El sano pragmatismo chino aplicado a la actualidad de la física!

Perspectivas de futuro.

Chissà se in futuro si potranno mettere in stato di entanglement ¿Quién sabe si en el futuro será posible poner en estado de enredo a dos seres humanos, es decir, dos cerebros? No haría más que dar dignidad científica al "para-fenómeno" de la telepatía.

Por supuesto, este post no quiere afirmar la existencia real de todos los meta-lugares posibles, aunque una teoría "meta-cuántica", la de los multiversos, haría plausible esta hipótesis.

Por el momento, observamos que muchos fenómenos llamados paranormales o extrasensoriales se vuelven posibles y normales a nivel de realidad cuántica. Por ejemplo, además de la telepatía, el conocimiento del pasado y del futuro, ya que no hay un "antes" ni un "después" en la no localidad. ¿Cómo acceder a esta realidad? El nivel cuántico es inaccesible a nuestros cinco sentidos, calibrados para el nivel macroscópico. Sin embargo, es totalmente accesible a nuestro séptimo sentido, la conciencia.

El principio antrópico.

"El principio antrópico.
Oh sol brillante, ¿qué serías
si yo no estuviera aquí abajo para brillar?".

En sus líneas generales, el principio antrópico sostiene que la conciencia humana no es el resultado casual de la evolución de la materia, sino el punto de llegada de una evolución del universo que tendió precisamente al nacimiento de la conciencia. Este principio representa una sorprendente interpretación metafísica de elaboradas observaciones científicas.

El papel del hombre en el universo.

"Oh sol resplandeciente, ¿qué serías tú,
si yo no estuviera aquí abajo para brillar?"

Esta cita de Friedrich Nietzsche, de "Así habló Zaratustra", puede servir eficazmente para representar de manera plástica el tema de este post, es decir, el principio antrópico.

Este principio representa una sorprendente interpretación metafísica de elaboradas observaciones científicas. Es tan creíble que incluso Stephen Hawking, un conocido científico que falleció recientemente, en su libro "The Universe in a Nutshell" sobre la "Teoría M" sobre el universo multidimensional, se refiere con frecuencia a este principio. (Teoría M = Teoría "Madre de todas las teorías", capaz de unificar todas las teorías físicas conocidas).

Sigamos con el orden.

La idea según la cual una Mente universal opera a través de episodios de sincronicidad individual o colectiva para el desarrollo cultural de la humanidad, presupone que al hombre que vive en el planeta Tierra se le asigna un papel central, de manera que sería objeto de atención, protección y guía. esta Mente.

Por el contrario, en la cosmología científica newtoniana, el hombre no representa más que un producto casual de la evolución de la materia. Según una filosofía materialista, la presencia del hombre es absolutamente irrelevante para el desarrollo inicial del planeta Tierra, especialmente para el desarrollo del Universo.

Como sabemos, hasta el siglo XVI la visión cultural situaba al hombre en el centro del universo. Posteriormente Copérnico señaló que los planetas giran alrededor del Sol y que la Tierra ya no era el centro del universo, un simple planeta pequeño. En consecuencia, el hombre también se convirtió en una de las muchas criaturas que vivían al azar en una pequeña parte del universo.

Brandon Carter y el principio antrópico.

Brandon Carter es un físico australiano, conocido por sus estudios sobre las propiedades de los agujeros negros y por el descubrimiento de una cuarta constante de movimiento, bautizada con referencia a su nombre "Constante de Carter". Por lo tanto, es un científico de calibre, y esto lo ha hecho particularmente confiable.

En 1973 Brandon Carter elaboró una nueva formulación de la relación que une al ser humano con el universo, denominándola "Principio Antrópico" y la presentó a la comunidad científica durante un Simposio sobre "Comparación de teorías cosmológicas con datos de observaciones" que se llevó a cabo en Cracovia como parte de las celebraciones por el 500 aniversario del nacimiento de Nicolás Copérnico. Este principio, muy discutido en su formulación llamada forte, anula la visión actual de la relación entre los seres humanos y el cosmos y le devuelve su centralidad al hombre.

Hay que decir que, incluso antes de que Carter hiciera pública la teoría, ya había sido compartida con otros científicos como Martin Rees, Freeman Dyson, John Wheeler y otros.

En sus líneas generales, este principio sostiene que la conciencia humana no es el resultado casual de la evolución de la materia, sino el punto de llegada de una evolución del universo que tendió precisamente al nacimiento de la conciencia. El Principio, tal como lo enunció Carter en Cracovia, tiene dos formulaciones, llamadas débil y fuerte.

El principio antrópico débil.

El llamado "principio antrópico débil" sostiene que nuestra posición en el espacio y el tiempo del universo es ciertamente privilegiada porque todas las constantes que subyacen en el funcionamiento del universo están calibradas en los valores más adecuados para el desarrollo de nuestro tipo de vida. Por una serie de increíbles coincidencias, las leyes que rigen el universo son consistentes con la posibilidad de que exista vida inteligente. Por ejemplo, si el Sol tuviera un tamaño ligeramente diferente, o si la Tierra girara alrededor del Sol a una distancia mínimamente diferente, los mares se convertirían en ollas hirviendo o montañas de hielo. La Tierra gira con una excentricidad muy pequeña, igual al 2%, y la inclinación del eje de rotación es tal que permite con precisión la alternancia de las estaciones.

La vida en la Tierra se basa en el carbono, que se vertió en nuestro planeta tras la explosión de las estrellas en las que se formó. Las cuatro fuerzas fundamentales que gobiernan el cosmos dependen de algunas constantes físicas como, por ejemplo, la constante de Hubble, la constante de Planck, la constante gravitacional universal, la carga eléctrica y la masa del electrón.

El hecho de que todas estas constantes estén precisamente calibradas en valores capaces de permitir el desarrollo de la vida es increíblemente sorprendente: bastaría con que una tuviera un valor mínimamente diferente para hacer la vida imposible.

Los posibles valores de las cuatro interacciones fundamentales (gravitacional, electromagnética, nuclear débil y nuclear fuerte) y de las partículas subatómicas (protón, neutrón, electrón) podrían ser infinitos. Sin embargo, estos valores son exactamente los que se necesitan para crear una red interactiva capaz de dar lugar a un universo que genere vida. Entre las infinitas configuraciones, sorprendentemente, más aún, milagrosamente, se eligió la más precisa para favorecer nuestra presencia. Stephen Hawking escribe en "De los agujeros negros al universo":

> "Si la densidad del Universo un segundo después del Big Bang hubiera sido mayor que la densidad crítica en una parte en cien mil millones, el Universo se habría derrumbado después de 10 años. Si, en cambio, hubiera sido inferior al mismo valor, el Universo ya estaría vacío después de 10 años de existencia".

Sin embargo, el Principio Antrópico Débil simplemente argumenta a favor de lo extraordinario de estas coincidencias, sugiriendo que una relación causal entre el complejo de creación y el desarrollo de la vida "sería teóricamente posible". Por esta razón, el "principio débil" pasó bastante desapercibido bajo el escrutinio de la mayoría materialista de la comunidad científica. Pocos prestaron atención a este mensaje.

John David Barrow y Frank Tipler.

Los físicos Barrow y Triple publicaron en 1986, en los Estados Unidos, el volumen "El principio cosmológico antrópico" en el que no solo tratan extensamente la teoría, sino que proponen un desarrollo más significativo de la misma.

Los dos autores describen extensamente la base conceptual: si no hubiera un número muy elevado de coincidencias extraordinarias en forma de leyes físicas y en los valores de las constantes de la naturaleza, la bioquímica, la vida biológica y la vida inteligente no serían posibles. Un universo creado por casualidad no permitiría la vida, y ni siquiera los objetos astronómicos ordinarios y la materia ordinaria serían posibles.

A partir de esta observación, llegan a la conclusión de que hay una necesidad preordenada en la creación, y el principio antrópico débil, que se detuvo en el reconocimiento de los hechos, evoluciona hacia el fuerte.

El principio antrópico fuerte.

El principio fuerte establece que el universo TENÍA que ser tal como es para permitir el desarrollo de la vida. Entre los muchos universos que pudieron haber nacido del Big Bang, se ha desarrollado el mismo que nos permite estar aquí hoy; la probabilidad de que esto suceda es de uno en varios miles de millones; si hubiera sucedido por casualidad, entonces la casualidad habría ganado una lotería imposible.

La teoría fuerte ciertamente sostiene que el universo fue diseñado precisamente para permitirnos estar aquí hoy. El universo tiene un propósito: albergar al hombre.

Por lo tanto, el hombre no sería un huésped que casualmente se encuentra en un universo que lo ignora, sino la razón y el propósito por el cual existe el universo. Esta teoría implica que el universo se formó con el objetivo de promover la vida y el desarrollo de la conciencia; es decir, que el universo fue diseñado como un capullo, una placenta en la que podría originarse la vida en general y la conciencia humana en particular.

La suposición de que el universo fue creado para nosotros asigna sin duda una finalidad al cosmos, que ya no es una masa caótica de materia bruta sino que responde a un proyecto de realización del hombre en un devenir que ya no está confiado al azar. Además, la teoría antrópica fuerte requiere la presencia de un Diseño inteligente y, por lo tanto, la existencia de un Diseñador o, en cualquier caso, de una Mente universal.

El principio antrópico "último".

Barrow y Tipler suponen una tercera forma del Principio Antrópico, el Principio Antrópico Último, según el cual "Debe desarrollarse necesariamente un procesamiento inteligente de la información en el universo y una vez que aparece, este nunca se extinguirá".

Según los dos estudiosos, un universo con la capacidad de producir vida inteligente no tendría sentido si no durara lo suficiente como para poder desarrollarse y completar el "fin" de la creación.

Por lo tanto, el último principio antrópico prevé también una "protección" de la vida, después de la creación: la especie humana está destinada a evolucionar hacia un estadio final desconocido. El científico francés Teilhard de Chardin llama a este estado el "Punto

Omega", es decir, el nivel más alto de complejidad y conciencia hacia el que parece tender el universo en su evolución.

El principio antrópico participativo.

Esta forma del principio antrópico es sugerida por John Archibald Wheeler, como una alternativa al principio fuerte. Según Wheeler, que se nutre de los conocimientos de la física cuántica, los observadores son necesarios para la vida del universo, como lo son para su conocimiento. Sabemos que todo colapso cuántico, es decir, toda "consolidación" de una probabilidad, necesita un observador. Por lo tanto el hombre, como observador del universo, participa activamente de su propia existencia, de hecho es indispensable..

El principio antrópico y el tiempo.

La ciencia más objetiva (no materialista) reconoce la razonabilidad de la finalidad antrópica, ya que sería decididamente absurdo que una construcción cósmica tan perfecta derivara del azar y no tuviera finalidad. Siendo así, también se responde a una objeción frecuente: "Si el objetivo es el hombre, que vive sólo en el planeta Tierra, ¿por qué el universo necesita tanto espacio y materia?".

La respuesta es que las constantes que permiten la vida han tardado tiempo y espacio en materializarse. Era necesario que el universo envejeciera y se expandiera para permitir que las estrellas fabricaran los elementos químicos que son la base de la vida en la Tierra, como el carbono. Además, no se excluye la existencia de otros planetas en los que se haya desarrollado la misma vida, así como tampoco se excluye que el hombre pueda exportar su civilización a otros planetas y galaxias.

El Punto Omega de Frank Tipler.

Frank Jennings Tipler, coautor con John Barrow de "El principio antrópico", es un conferencista y escritor estadounidense que enseña física matemática en la Universidad de Tulane en Nueva Orleans. La mayoría de sus estudios se han centrado en la física de los viajes en el tiempo.

También es conocido por ser el autor de la teoría del Punto Omega, que en realidad retoma la teoría homónima desarrollada previamente por el científico jesuita francés Pierre Teilhard de Chardin.

Tipler intenta estudiar el destino final del universo de forma similar a como lo hace Isaac Asimov en "La última pregunta". Tipler parte del concepto de "progreso eterno" para hipotetizar la existencia futura de un Dios, es decir, un hombre que se ha vuelto inmortal. También plantea la hipótesis de la resurrección de los muertos por computadora y "mind uploading", que es la recuperación y transferencia del patrimonio mental de un individuo del cuerpo viejo a uno nuevo, o al cuerpo resucitado de entre los muertos.

Además, Tipler plantea la hipótesis de que, gracias a una supercomputadora, el universo podría doblegarse a los deseos de la humanidad, incluso actuando sobre el pasado; de esta forma sería posible reconstruir hechos, mundos y personas, con una técnica de eterno retorno guiado.

Es una perspectiva ligada al transhumanismo, movimiento cultural que aboga por el uso de la ciencia y la tecnología para aumentar las capacidades físicas y mentales y remediar todos los aspectos indeseables o dañinos de la condición humana, como la enfermedad y el envejecimiento, hasta una posible transformación. más allá de la condición humana.

En el centro espiritual del universo.

En resumen, podemos decir que estamos aquí por el universo y el universo está aquí por nosotros. El Principio Antrópico está reconfigurando el pensamiento científico moderno. Esto comenzó con Copérnico y su descubrimiento de que la Tierra y los planetas giran alrededor del Sol. Con esto, Copérnico había subvertido el pensamiento aristotélico que ubicaba a la Tierra y al hombre en el centro geográfico del universo.

Los desarrollos en la física moderna están dando un nuevo giro. Esta vez el hombre, aunque ya no es el centro geográfico como acertadamente demostró Copérnico, se afirma firmemente como centro espiritual.

Entropía: ¿fuerza destructiva o creativa?

"Entropía: ¿fuerza destructiva o creativa?".

La entropía (Segunda Ley de la Termodinámica) es una ley física según la cual todo el universo va hacia la descomposición y la autodestrucción, así como todos los seres vivos.

Damos por sentado que, al nivel de nuestra experiencia sensorial, la entropía funciona exactamente como una fuerza que inicia la desintegración y que actúa en la dirección del tiempo. Sin embargo, si salimos de nuestro nivel para entrar en niveles de espacio y tiempo que superan nuestra experiencia directa, podemos darle diferentes caras y significados a la entropía.

La ley del tubo de pasta de dientes.

Es la ley según la cual un huevo revuelto no puede reconstituirse en el huevo original, es decir, es imposible rebobinar la película del tiempo transcurrido.

¿Por qué morimos? Todo depende de una ley llamada entropía o, más técnicamente, la Segunda Ley de la Termodinámica. En pocas palabras, la entropía significa que si rompe un vaso, puede romper cada pieza en más subpiezas, y luego cada subpieza en sucesivas sub-subpiezas, pero nunca puede restaurar el vaso a su estado original de integridad. . Es decir, todo va hacia la decadencia siguiendo la flecha del tiempo.

De hecho, incluso la entropía presenta aspectos según los cuales no es exactamente lo que parece a primera vista, es decir, ese "problema irreparable" descrito por Boris Yellnikoff en la película "Whatever Works". La película contiene la conocida frase: "Se llama entropía; es como cuando la pasta de dientes se sale del tubo y no puede volver a entrar."

¿Es la entropía una fuerza desintegradora?

Damos por sentado que, al nivel de nuestra experiencia sensorial, la entropía funciona exactamente como una fuerza que provoca la desintegración y que actúa en la dirección del tiempo. Sin embargo, si salimos de nuestro nivel para entrar en niveles de espacio y tiempo que superan nuestra experiencia directa, podemos darle diferentes caras y significados a la entropía.

Pongamos un ejemplo con nuestro planeta, la Tierra, comparando lo que fue en sus inicios y lo que es ahora.

La apariencia de la Tierra primordial, hace unos 4.500 millones de años, era absolutamente distinta a la actual; su superficie fue continuamente desgarrada por poderosas erupciones volcánicas y azotada por persistentes lluvias que durarían millones de años, hasta generar los océanos. Por tanto, un panorama casi infernal de rocas volcánicas desnudas iluminadas por las lavas incandescentes de las nuevas erupciones. Ciertamente, un lugar donde hubiera sido imposible vivir.

Sin embargo…

A pesar de esto, pronto apareció la vida; los rastros más antiguos que se conocen datan de hace 3.800 a 4.000 millones de años y son los ancestros de las bacterias actuales.

Pero, ¿cómo fue posible el desarrollo de estos seres primordiales a partir de las simples moléculas orgánicas presentes en la atmósfera de hace cuatro mil millones de años? ¿Qué estaba haciendo la entropía mientras esto sucedía? Porque, para ser honestos, debemos reconocer que fue un proceso de construcción, no de destrucción.

Sin entropía no estaríamos aquí hoy.

La acción final de la entropía no es destructiva sino creativa.

Es cierto, las escuálidas y desnudas rocas volcánicas grisáceas sometidas a la ley de la entropía se desmoronaron a lo largo de los milenios, y cadenas montañosas enteras desaparecieron y se allanaron, de modo que cualquier observador humano podía certificar, en su experiencia, el poder destructivo de la entropía. Pero imaginemos que ese observador se liberó de las limitaciones temporales de su observación y observó la Tierra durante milenios. Habría visto la roca transformarse en partes cada vez más pequeñas hasta convertirse en tierra; entonces vería la tierra extenderse sobre vastas llanuras para ofrecer un entorno de vida favorable. Un observador ciertamente habría visto las aguas erosionar y cavar las rocas, abriéndose paso y destruyendo el medio ambiente atravesado, para luego convertirse en ríos capaces de llevar elementos fertilizantes en las tierras nacidas de la desintegración de las rocas, permitiendo el desarrollo de hierbas , plantas, flores. , insectos y demás seres vivos de todo tipo, es decir, de esa naturaleza que hoy definimos como maravillosa y que es la base de nuestro ciclo alimentario y de nuestra supervivencia.

Seamos realistas: sin la entropía no estaríamos aquí hoy. Por tanto, más allá de lo que pueda parecer a una observación ocasional limitada en el tiempo, la acción final de la entropía no es destructiva sino creativa.

Los territorios del viaje chamánico.

"Los territorios del viaje chamánico. Nuevas perspectivas sobre la existencia de los mundos del espíritu".

El entrelazamiento cuántico abre nuevas perspectivas sobre la existencia de los mundos del espíritu. Los experimentos confirman que en el mundo de las partículas elementales, es decir, en lo extremadamente pequeño, no hay límites de espacio ni de tiempo. Todo el universo se comunica como uno solo y la información viaja sin límites de gravedad, ni límites de velocidad de la luz, ni límites de unidireccionalidad de la flecha del tiempo.

Una práctica antigua.

El chamanismo es probablemente la práctica espiritual más antigua del mundo. La evidencia de las prácticas chamánicas se remonta al Paleolítico, hace más de 20.000 años. Incluso hoy, especialmente entre las poblaciones que llevan una vida más en armonía con la naturaleza, el chamanismo es conocido y practicado. El chamán tiende a conocerse a sí mismo, a recuperar la posesión de su instinto natural. El "viaje" es un método de revelación directa: todo se experimenta personalmente. No hay reglas ni formas de liturgia a seguir, porque cada uno tiene un potencial único que experimenta de manera personal y original.

Ser Chamán significa percibirse a sí mismo como parte activa de la creación y experimentar el Universo como una extensión del Ser. En esta dimensión la mente se expande y abraza armónicamente al mundo para recibir la ayuda constante de los espíritus naturales. Normalmente con la práctica chamánica se accede a los territorios inexplorados de la realidad, es decir, una dimensión que se puede visitar en un estado alterado de conciencia.

El viaje chamánico, entendido como un camino espiritual, es siempre un camino de sanación interior para el chamán que lo practica, pero no solo; muchas veces este puede ser el portador de las necesidades de aquellos que han confiado en él para obtener la benevolencia de los Espíritus que causan tristeza o enfermedad. En este sentido, el viaje chamánico representa un encuentro mediador de sanación entre las personas que sufren y los Espíritus que causan la enfermedad.

Interpretación según la clave psicológica moderna.

Según la psicología junguiana podríamos entender los destinos de los viajes chamánicos como la dimensión definida como el "inconsciente colectivo" donde los espíritus que provocan los acontecimientos humanos toman el rostro de "arquetipos". Los arquetipos pueden ser considerados todas las ideas del bien del mal que viven en la conciencia del hombre. En este territorio de la psique se activan acontecimientos particulares capaces de poner en comunicación los arquetipos del inconsciente colectivo con las conciencias individuales. Cada persona puede recibir señales o avisos particulares en su inconsciente, que se manifiestan con extrañas y significativas coincidencias, premoniciones, percepciones de diversa índole. Cuando esto sucede, según Jung, se producen sincronicidades. Son hechos prácticos pero de naturaleza incomprensible, que pueden orientar al hombre hacia su bien.

En este sentido, es posible que el chamán, viajando en este mismo territorio psíquico, tenga el poder de suscitar sincronicidades positivas muy poderosas, ya que están dirigidas específicamente a quienes se han confiado a él para que los ayude en la curación. El chamán podría amplificar de manera excepcional la acción natural de intercambio benéfico ya existente entre el inconsciente colectivo y la conciencia individual, y sobre todo podría catalizarla hacia aquellos que pretenden ayudar.

Por lo tanto, los "espíritus" que encuentra el chamán en su viaje representarían la conciencia del mundo, es decir, ese Poder positivo que administra los territorios del inconsciente colectivo. Ese mismo Poder genera sincronicidades, con las que cada uno de nosotros muchas veces nos enfrentamos sin entender su significado ni su origen.

Interpretación según la clave científica tradicional.

¿Pero de qué estamos hablando? ¿Qué evidencia científica tenemos de la existencia de territorios del espíritu, o del inconsciente colectivo, donde el alma puede viajar para encontrarse con las fuentes del bienestar y la enfermedad, y para atraer fuerzas positivas?

La prueba científica requiere que el objeto del experimento pueda pesarse y medirse, y su funcionamiento pueda reproducirse. La física newtoniana en la que vivimos inmersos hasta el cuello predice la existencia de la MATERIA sometida a diversas leyes (gravedad, magnetismo, velocidad, flecha del tiempo). Lo material puede compararse con estas leyes físicas, mientras que lo psíquico no; por lo tanto, hasta hace unas décadas, la conclusión era que lo psíquico simplemente no existe, es el resultado de la ilusión, es un producto de desecho de nuestro procesamiento cerebral.

Interpretación según la clave de la física cuántica.

Bueno, este ya no es el caso hoy. Los experimentos con partículas elementales realizados a partir de 1980 en cientos de laboratorios han demostrado la realidad de un fenómeno conocido como "ENTRELAZAMIENTO", por lo que hoy estamos absolutamente seguros de que a nivel subatómico la física newtoniana ya no es válida: en el mundo de las partículas elementales , es decir, en lo extremadamente pequeño, no hay límites de espacio ni de tiempo, todo el universo se comunica como uno solo y la información viaja sin límites de gravedad, ni límites de velocidad de la luz, ni límites de unidireccionalidad de la flecha del tiempo. .

Es el nivel de la psique pura o del espíritu puro, donde se hacen posibles todas las percepciones extrasensoriales negadas hasta ayer, donde se puede realizar el viaje sin obstáculos y donde ya se conoce el ayer, el hoy y el mañana y se abre el libro de la vida. y hojeado para obtener guías y ayudas para aquellos que, limitados por su fisicalidad, siguen enfrentándose cada día a la realidad física newtoniana que conocemos. La limitación es física y concierne al cuerpo, pero el alma puede volar.

Redes geobiológicas.

"Redes geobiológicas".

La geobiología tiene como objetivo medir los aspectos energéticos de un lugar determinado. En la práctica, cada lugar tiene características como para influir en los seres vivos a través de "energías".

Etimológicamente, la palabra geobiología deriva de la asociación de los términos griegos geo (tierra), bio (vida) y logos (doctrina). El término fue propuesto en la década de 1950 por investigadores alemanes.

En particular, se estudian fenómenos telúricos como fallas, cursos de agua subterráneos, cavidades, así como "chimeneas telúricas", la "red de Hartmann" y la "red de Curry"-

La energía del suelo.

¿Hay una energía del suelo? Ciertamente hay fuerzas que actúan en esa zona. Los seres vivos se desarrollan en un contexto de influencias ambientales que normalmente no se perciben. En primer lugar, el planeta Tierra es un cuerpo conductor de electricidad, con diferente conductividad según la distancia al centro y su composición.

En segundo lugar, la Tierra tiene su propio campo magnético cuya modalidad de formación aún no se ha entendido. Sin embargo, este campo magnético interactúa con las corrientes presentes en la ionosfera y la magnetosfera, creando campos electromagnéticos de muy baja frecuencia, capaces de interactuar sobre los organismos vivos. Además, el campo magnético terrestre tiene dos polos magnéticos (Sur y Norte) que están sujetos a inversión, como ha ocurrido en el pasado. Además, este campo no es constante sino que toma diferentes valores en diferentes zonas del planeta.

También es necesario recordar la influencia del GMT, o Campo Geomagnético de la Tierra, que puede variar rápidamente dependiendo de fenómenos externos al planeta, como el viento solar y las variaciones en la radiación solar. Como es sabido, las corrientes eléctricas presentes en la ionosfera y la magnetosfera generan corrientes eléctricas en el interior de la Tierra.

Todas estas son fuerzas conocidas y reconocidas por la ciencia, que sin embargo no reconoce la posibilidad de que aún existan fuerzas desconocidas, ni que estas conocidas sean capaces de influir significativamente en la vida biológica.

De ahí la necesidad de medir la intensidad de estas fuerzas y analizar científicamente los fenómenos atribuibles a su presencia. Aparte de algunos dispositivos electrónicos de última generación, en el pasado los métodos de medición más populares eran la radiestesia y la radiestesia. La radiestesia es un método que le permite identificar materiales y sustancias mediante la captura de las "vibraciones" provenientes de palos de madera o material no ferroso con forma de horquilla. Radesthesia consiste en identificar formas de "energía" que no serían perceptibles a través de los cinco sentidos, utilizando herramientas como el péndulo o, como se mencionó, nuevos instrumentos electrónicos.

La geobiología representa una evolución en una dirección más científica que la radiestesia. En particular, predice la presencia de redes de energía y estudia su nocividad. Según estos estudios, existen "Campos de Energía Reticular" que envuelven la superficie de la Tierra en mallas de unos pocos metros cuadrados.

Por el momento se supone la existencia de dos grillas, distintas por orientación.

La red denominada "Hartmann" es paralela al Norte Magnético, con mallas (en el paralelo 45) de 2,05 a 2,10 metros hacia Norte-Sur y de 2,55 a 2,60 metros hacia Este-Oeste. Las "paredes", es decir el grosor de las mallas, serían de 21 centímetros.

En cambio, la llamada red de Curry sería diagonal al norte magnético, con mallas más anchas, de unos 3,5 metros de cada lado y con las "paredes" de unos 40 centímetros de ancho.

Estos dos campos de energía son independientes entre sí y no interfieren entre sí, por lo tanto, no hay "cruces" entre las paredes de la red de Hartmann y las paredes de la red de Curry. Además, ambas redes no están influenciadas por otros campos energéticos presentes en el entorno, ni por obras construidas para canalizar energías, como, por ejemplo, los monolitos de piedra.

Hay que tener en cuenta que las redes están orientadas al campo magnético terrestre. Si el campo magnético cambia, las redes también cambian, adaptándose a sus variaciones.

Peligros para el medio ambiente y el hombre.

NOTA IMPORTANTE.

Muchos investigadores han utilizado el parámetro de la propagación de tumores en relación con la geobiología del terreno. Estas fueron hipótesis de estudio basadas en evidencia fácilmente detectable. Sin embargo, los estudios sugieren que las vibraciones geobiológicas podrían causar cáncer, pero DE

NINGUNA MANERA LA GEOBIOLOGÍA PUEDE PRETENDERSE COMO GUÍA DE DIAGNÓSTICO O TRATAMIENTO CONTRA AFECCIONES TUMORALES. Ningún erudito lo ha apoyado jamás.

Los resultados de la investigación han puesto de relieve la gravedad de las consecuencias para nuestra salud y, por lo tanto, vale la pena profundizar la discusión, para que todos puedan aprender a "mapear" los lugares donde viven, y en particular los entornos domésticos. .

El peligro para la salud es mayor en los puntos de intersección entre las camisetas. La forma de las rejillas cambia en correspondencia con cursos de agua, conductores eléctricos, residuos ferrosos o metálicos en general u otros materiales.

En ausencia de perturbaciones, la red presenta tres zonas de diferente intensidad:

La zona neutra.

El área que podemos considerar neutra está incluida entre las "paredes" de cada cuadrado. En esta zona se pueden desarrollar actividades biológicas sin alteración alguna. Por lo tanto, lo ideal sería asegurar que las actividades a las que se dedica más tiempo se desarrollen dentro de estos perímetros. Por ejemplo, el sofá, la cama, la mesa de trabajo.

Las paredes divisorias de los paneles.

Son las tiras las que dividen los cuadrados. Tienen un ancho de 21 cm (según la red de Hartmann) o 40 cm (según la red de Curry). En toda su superficie presentan radiaciones dañinas, sin embargo su acción es débil y normalmente no dañan a los humanos.

Los nodos de las redes.

Los nodos son los puntos de intersección de las paredes y por lo tanto son cuadrados de unos 21 cm por lado (o 40 cm). Estas son las zonas de máxima intensidad de radiación telúrica. El tamaño de estos nudos puede aumentar dependiendo de la presencia de objetos metálicos en el subsuelo, especialmente si están conectados a la electricidad, cursos de agua o cavidades subterráneas.

Peligros de los edificios.

Las celosías son una fuente de peligro para los edificios construidos sobre fracturas geológicas en el suelo, acuíferos, fuentes subterráneas, concentraciones de metano u otros gases,
En los nodos de la red, todas las radiaciones generadas por estos elementos suben a la superficie y dañan la salud. La situación se vuelve más grave cuando un pilar de la cimentación de hormigón armado descansa sobre un nudo, porque la estructura elástica conduce la radiación a todas las partes del edificio.
Resumo algunos puntos importantes:
1. Todos los materiales vibran e irradian.
2. El campo radiante natural es la base para la génesis y conservación de la vida.
3 Hay olas naturales que perturban el suelo. Además de lo ya dicho, podemos mencionar las ondas "esféricas", también llamadas "estáticas". Son señales naturales formadas por ondas electromagnéticas de muy baja frecuencia, es decir, ondas de radio en la banda VLF, generadas por los rayos que, de forma continua, se descargan sobre la Tierra.
4 Especial mención merecen las ondas de Schumann. Durante siglos, los místicos nos han hablado de energía, espíritu, relaciones con el Absoluto. Todo esto podría describirse como un enorme campo de "energía inteligente de amor". Para los místicos, la "vida" tal como la entendemos habitualmente es una falsedad producida

por nuestros sentidos: para los hindúes es maya. Los Vedas argumentan que donde hay separación hay ilusión.
En 1953 Winfried Otto Schumann, físico alemán, descubrió matemáticamente una emisión electromagnética procedente de nuestro planeta, que tomó el nombre de frecuencia de Schumann en su honor. Es algo que se parece mucho a las vibraciones percibidas por los místicos.
La superficie planetaria y la ionosfera interactúan como dos placas de un gigantesco condensador, en el que la Tierra es la parte negativa y la ionosfera la parte positiva.
Esta estructura energética, en constante vibración, crea ondas electromagnéticas de muy baja frecuencia, cuyos picos principales son 7,8, 14, 20, 26 y 33 Hz. A nivel poético podríamos definirlo como el "aliento" o "el latido del corazón de la Tierra". ".
5. A todas las radiaciones naturales ya mencionadas deben agregarse las creadas por el hombre con inevitable interferencia mutua. Se ha descubierto que estas interferencias son dañinas para la salud humana.
6. Los organismos vivos son sensibles a los CEM (campos electromagnéticos) incluso cuando su intensidad es significativamente inferior a lo que el organismo considera perceptible. El cuerpo humano, de hecho, utiliza frecuencias básicas para comunicarse internamente. Se sabe que todas las frecuencias pueden ser perturbadas. Si una frecuencia externa, aunque sea muy débil, se superpone a nuestras frecuencias internas, podría interferir en el funcionamiento del organismo. Cuanto más dura la interferencia, mayor es el daño.
7. La buena noticia es que no todas las áreas perturbadas son dañinas. Los efectos varían de persona a persona, pero si la persona ya tiene condiciones, se vuelven más severas.
8. La mala noticia, sin embargo, es que se está desarrollando una disminución de la resistencia a los campos patógenos en los organismos biológicos modernos. Esto es función de un estado de embriaguez general, provocado por una vida desordenada desde todo punto de vista, comenzando por la alimentación.

9 Cuanto más largo sea el período de exposición, mayor será la probabilidad de enfermarse.
Inicialmente, las molestias no son tales como para causar alarma, pero tienden a volverse crónicas con manifestaciones de dolor de cabeza, insomnio, depresión, mareos, falta de concentración. Las enfermedades cardiovasculares, la degeneración celular y los tumores pueden surgir después de varios años.

Que pasa en la casa.

Cualquier dispositivo que funcione con electricidad emite un campo eléctrico y un campo magnético de baja frecuencia. Dentro del hogar, los electrodomésticos generan los campos eléctricos y campos magnéticos más relevantes. El campo magnético se mide en microtesla (mT) y depende de la corriente que circula en el dispositivo, por lo que es efectivo cuando el dispositivo está encendido. El campo eléctrico, que se mide en voltios por metro (V/m), depende del voltaje y se emite incluso cuando el dispositivo está apagado, si el cable está conectado a la toma de corriente. El campo eléctrico y el campo magnético son generados por aparatos fijos, como televisores y lavavajillas, pero también por aparatos portátiles como secadores de pelo.

Según mediciones realizadas en viviendas, el campo eléctrico suele ser inferior a 5 V/m.

Sobre la almohada de la cama, si está apoyada contra una pared por donde pasan los cables eléctricos del sistema, se pueden detectar 10-15 V/m.

Pequeña historia de la investigación geobiológica.

Período no especificado antes de Cristo. Feng Shui.

El Feng Shui es un antiguo arte geomántico taoísta de China, auxiliar de la arquitectura, similar a la geomancia occidental pero diferente porque también tiene en cuenta aspectos de la psique y la astrología.

Feng Shui significa literalmente "viento y agua", en honor a los dos elementos que dan forma a la tierra y que con su fluir determinan las características más o menos saludables de un determinado lugar. Según el taoísmo existen dos principios generales que guían el desarrollo de los acontecimientos naturales, son el Ch'i y el equilibrio dinámico del Yin y el Yang. Yin es el principio húmedo oscuro y femenino, mientras que yang es el principio cálido luminoso y masculino. En el Feng Shui, el yin está representado por el agua y el yang es el viento, quizás más como la respiración. El Feng Shui se usa en algunos lugares al decorar el interior de los edificios.

Los orígenes del Feng Shui, aunque inciertos, parecen muy antiguos y se han descubierto tumbas que datan del Neolítico que parecen seguir los principios del Feng Shui en su construcción.

Las poblaciones nómadas siempre han observado perros y caballos para elegir los lugares para sus campamentos.

tiempos Romanos

Vitruvio cuenta que los romanos, antes de fundar una nueva ciudad, pastaban carneros durante todo un año en el área designada, luego sacrificaban a los animales y analizaban sus hígados. Si el hígado no estaba en buenas condiciones, elegían otra zona.

Edades medias

Antes de construir edificios importantes, como las catedrales, se prestó especial atención a la elección de lugares que debían tener ciertas características geobiológicas.

1886-1890: Havilandia

Basado en estudios realizados durante este período, el Dr. Haviland afirma que el Támesis y sus afluentes atraviesan una vasta región con alta mortalidad por cáncer. Posteriormente, hablando ante la sociedad médica de Londres, argumentó que en la mayoría de los casos la enfermedad estaba relacionada con el lugar de residencia.

1928: Georges Lakhowsky

Las razas humanas y animales, la forma de las plantas y el sabor típico de un vino, fruta u otro producto agrícola expresan claramente esta significativa influencia del suelo. Además, las aguas que surcan un territorio determinado reflejan la composición química de las sustancias presentes en el suelo atravesado.

Lakhoswky, a partir de esta documentación, inició una serie de investigaciones con el objetivo de demostrar que la propagación del cáncer puede depender de la naturaleza física del terreno en el que vive el sujeto.

1933-1939: Cody

Cody, un ingeniero electrónico francés, utilizó entre los años '33 y '39 dos electrómetros equipados con cámaras de ionización y dispositivos especiales para eliminar cualquier influencia por humedad, movimientos de aire y otras condiciones accidentales que pudieran provocar la caída de las palas del instrumento. Las miles de mediciones realizadas en la ciudad de Havre en el interior de las casas donde hubo casos de cáncer, han dado resultados inequívocos.

Los tiempos de caída de las hojas del electrómetro de referencia colocado a corta distancia del lecho eran a menudo varios cientos de veces más largos que los medidos en la zona con sospecha de emisión de radiación telúrica.

1929: Gustav von Pohl

Del 13 al 19 de enero de 1929, Gustav von Pohl, el famoso adivino, llevó a cabo un experimento para demostrar la correlación entre las vías fluviales subterráneas y el cáncer.

Decidió, de acuerdo con el alcalde de Visbiburg en Baviera, realizar su investigación en esa ciudad. Vilsbiburg tenía 565 casas con alrededor de 900 viviendas y 3300 habitantes.

Se elaboró una lista de muertes causadas por carcinomas, con base en los datos oficiales disponibles en la oficina distrital. Cada correspondencia entre la posición de las camas de los pacientes dentro de su hogar y las áreas patogénicas marcadas por von Pohl en el mapa fue verificada con extrema precisión. El resultado fue que todas las camas de las personas que murieron por carcinomas estaban en las bandas de irradiación detectadas. Con los resultados obtenidos se elaboró un protocolo.

1960: Ernst Hartmann

El experimento de Hartmann, en el que participaron 24.000 ratones de laboratorio, es muy famoso. Después de mapear la red en el área del experimento, Hartmann colocó jaulas con 12 000 ratones en las áreas neutrales de la red. En su lugar, las jaulas con los 12 000 restantes se colocaron en los nodos de la red y se inoculó a todos los ratones con la misma cantidad de células tumorales. Durante las próximas semanas, todos los ratones que vivían en los nodos enfermaron de cáncer y murieron en 40 días. En cambio, en cuanto a los ratones inoculados que vivían en zonas neutrales, la enfermedad creció durante los primeros días, luego se estabilizó y 8000 de estos sobrevivieron porque sus organismos, no debilitados por el campo de perturbación, habían logrado vencer la enfermedad.

BIBLIOGRAFÍA ESENCIAL:

Faliero CAPINERI - Agua y cáncer (El jardín de los libros)

Blanche MERZ - Lugares altos (Sugar Edizioni, 1983)

REMI 'Alexandre - Geobiología (red / editorial studio, Como 1991)

Massimo FRISARI-R.VALMI'- Salud en casa, (Ediz. Sarva)

Paolo BENDA - Dimensiones desconocidas, (autoeditado, Arezzo 1995)

¿Hace ruido una cascada que fluye en un bosque desértico?

"¿Hace ruido una cascada que fluye en un bosque desértico?".

Por lo general, asumimos que las cosas funcionan de cierta manera, por lo que una cascada que fluye SIEMPRE debe hacer ruido. Pero... pensándolo bien: ¿qué es el ruido? Es un estímulo que excita nuestro oído y se transmite al cerebro. Sólo en el cerebro el estímulo se convierte en ruido.

No, la cascada no siempre hace ruido.

Desafortunadamente, vivimos entre la "apariencia" y la "ilusión" porque estamos condicionados por nuestros sentidos. Lo que llamamos "realidad" no siempre es tal.

De hecho, la cascada hace ruido solo si hay alguien allí para escucharla. Por lo tanto, si el bosque está desierto, la cascada no hace ruido.

¿Qué es el ruido en realidad? Es un estímulo que excita nuestro oído y se transmite al cerebro: sólo en el cerebro se convierte en ruido.

Por lo tanto, incluso si la caída de la cascada provoca vibraciones en el aire, estas no son ruido en absoluto. Lo son sólo si hay un oído que capta las vibraciones y las transmite a un cerebro: aquí, finalmente, las vibraciones se convierten en ruido.

La pregunta se inspira en la clásica paradoja planteada por el filósofo Berkeley: ¿Hace ruido un árbol que cae en un bosque del desierto?

No sabemos cómo es realmente la "realidad".

Platón nos describe como prisioneros encadenados en la caverna de nuestros sentidos.

Lo que percibimos como realidad no es la realidad, sino la interpretación que nos dan nuestros sentidos de lo que nos rodea.

En el conocido "mito de la caverna" Platón describe a los prisioneros encadenados en una caverna, obligados a mirar siempre hacia la pared del fondo; sus sombras se proyectan en esta pared, debido a la iluminación colocada detrás de ellos. Asimismo en la pared del fondo se proyectan las sombras de todas las actividades que se desarrollan en el exterior, y que los presos no pueden comprender en su dimensión real, ya que, para ellos, la realidad es "lo que ven", es decir las sombras.

Nosotros también solemos creer que la realidad es lo que podemos "ver" y "tocar". No sospechamos que nuestra vista y tacto MANIPULAN Y FALSIFICAN lo que tenemos delante. Los sentidos transforman una realidad que desconocemos en absoluto para hacerla usable a nuestro cerebro.

Solo al salir de la cueva se descubrirá la verdadera luz. Desafortunadamente, todos estamos presos en la caverna de nuestros sentidos (las cadenas) y vemos la realidad como una sombra de la "verdadera realidad".

Según Platón, sólo el sabio o el filósofo pueden liberarse para rechazar la falsedad de las sombras y ofrecerse a la luz verdadera.

¿Cuánto vacío hay en la materia?

Normalmente todos creemos que no hay nada más real que la materia, ya que podemos mirarla, tocarla, pesarla, a veces saborearla si la comemos o escucharla si la agitamos.

En realidad, la materia está compuesta de átomos y los átomos están hechos esencialmente de vacío. Un átomo está formado por el núcleo y los electrones que giran a su alrededor. Bueno, si agrandáramos el núcleo infinitamente hasta llevarlo al tamaño de una semilla de lenteja, entonces el electrón más externo rotaría una distancia igual a la de un campo de fútbol, es decir, ¡con un diámetro de 90 metros! En el medio... nada.

Por lo tanto, los átomos están hechos casi en su totalidad de vacío. Pero entonces, se dirá, ¿por qué si tocamos un objeto lo sentimos "duro"?

Esto también es un engaño a los sentidos: los electrones girando muy rápido generan un "efecto hélice". Sabemos muy bien que cuando gira una hélice no podemos acercar la mano. Aunque las dos palas de la hélice cubran como máximo el 5% del área afectada, por efecto de la velocidad de rotación se cubre toda el área. Dicho esto, esta también es una explicación comprensible pero simplista. De hecho, según las fuerzas naturales, las partículas de los objetos repelen las partículas de nuestras manos.

Pero, ¿existe realmente la materia?

De hecho, la materia no es lo que imaginamos: si dividiéramos una piedra en pedazos cada vez más pequeños, llegaríamos a tener átomos únicos; pero tratando de dividir nuevamente, nos daríamos cuenta que los átomos están hechos de partículas, y las partículas... pueden ser materia, o no. Como enseña la física cuántica, las partículas son masa y al mismo tiempo son ondas, es decir, vibraciones de energía, espuma de la nada en el dominio de la probabilidad.

Los infinitos de Galileo o... la metafísica no es una opinión.

"Los infinitos de Galileo o... la metafísica no es una opinión".

Muchos lectores han publicado comentarios como "las matemáticas no son una opinión" en artículos anteriores.

Ahora propongo un cuestionario basado en números. Si las matemáticas no son realmente una opinión, el cuestionario se puede resolver con éxito. Intentalo.

Corto preámbulo..

Este cuestionario se basa en el concepto de infinito. Para entender lo que puede ser el infinito, usemos números. Imagina el número más grande que puedas concebir. ¿Hecho? Bueno, ahora suma 1 y verás que el número se vuelve aún más grande de lo que imaginabas. Y puedes seguir así... indefinidamente: siempre puedes sumar 1, sin fin.

Si quieres, puedes proceder a la inversa, quitando 1 de infinito, no habría límite de números negativos. Por lo tanto, el infinito no es algo extremadamente grande, ya que siempre puede hacerse más grande, sin fin. Sobre todo, el infinito no se puede medir porque no se puede comparar con nada, si no con otro infinito. El infinito se representa con el símbolo ∞.

El cuestionario.

Imaginemos dos columnas infinitas de números. En la columna A ponemos todos los números enteros del 1 en adelante, hasta el infinito.
En cambio, en la columna B ponemos los dobles de los números contenidos en la columna A. Las dos columnas se verían así:

COLUMN A COLUM B

1 ---------------------------> 2

2 ---------------------------> 4

3 ---------------------------> 6

4 ---------------------------> 8

5 ---------------------------> 10

Por lo tanto, la columna A que contiene TODOS los números representa el infinito. Pero también la columna B, que contiene tantos números como la columna A, es decir, todos los dobles de la columna A, representa otro infinito.

Pero cuidado: la columna A contiene TODOS los números enteros, mientras que la columna B solo contiene TODOS los números pares. Evidentemente, la columna B contiene MENOS números que la columna A. Para ser precisos, debería contener la mitad de ellos.

La pregunta.

¿Cómo es posible que un INFINITO pueda ser MÁS GRANDE o MÁS PEQUEÑO que otro infinito?

Me veo obligado a señalar que el cuestionario (o paradoja) fue ideado incluso por Galileo Galilei, considerado el precursor de la Ilustración. Aunque solo sea por esta razón, el cuestionario debe considerarse no trivial pero dotado de dignidad científica.

¿Qué tipo de respuesta se requiere?

El mismo título de la página de Facebook donde publiqué este post (Cenacolo Jung Pauli) sugiere la forma de resolver el quiz.

Se necesitan temas de FÍSICA (Pauli es padre fundador de la física cuántica, Premio Nobel 1945) y METAFÍSICA (Jung es psicólogo, creador de las teorías del inconsciente colectivo y la sincronicidad).

Los dos colaboraron durante más de veinte años en su vida profesional, buscando el rasgo unificador de materia y psique.

Muchos definen los argumentos metafísicos publicados en la página como "estupideces" (por cierto, no está claro qué están haciendo en un sitio estúpido).

Particularmente de estos escépticos quisiera respuestas que se basaran EXCLUSIVAMENTE en argumentos reconocidos como válidos por la muy querida ciencia clásica newtoniana y materialista.

Me gustaría que las respuestas no contuvieran tonterías metafísicas.

A falta de respuestas claras, podríamos decir que incluso las matemáticas, a veces, son una opinión. Por otro lado, la metafísica a veces no lo es.

¿El carro del rey Milinda tenía ruedas cuadradas?

"¿El carro del rey Milinda tenía ruedas cuadradas?".

El apólogo del rey Milinda y el monje Nagasena contiene sabiduría antigua, pero también absolutamente moderna.

El vagón no nació por casualidad, por eso tenía ruedas redondas.

Ciertamente no, el carro no tenía ruedas cuadradas ni triangulares pero sus ruedas eran perfectamente redondas. Esto se debe a que el vagón fue diseñado por un inteligente artesano que quería que fuera cómodo, funcional, apto para transportar personas y cosas con el método más racional posible. Solo si los vagones nacieran espontáneamente del ensamblaje aleatorio de varias partes, tal vez tendríamos vagones con ruedas cuadradas.

Pero vamos en orden. Detrás de esta premisa hay una verdad mucho más profunda, contenida en el apólogo, poco conocida por los no seguidores de la filosofía oriental, que narro a continuación. La historia está contenida en el Milindapañha, un texto budista compuesto en forma de diálogo filosófico, ambientado en la ciudad de Sāgalā, la actual Siyālkoṭ, entre el monje Nagasena y Milinda, históricamente identificable con el gobernante indo-griego Menandro I°. Este rey reinó en Punjab entre 155 y 130 a.

El rey Milinda y el monje Nagasena.

El rey Milinda, que pensó que era un astuto, al haber oído hablar de las doctrinas enseñadas por un monje llamado Nagasena, fue a verlo para refutar sus tesis. Empezó preguntando quién era y cómo se llamaba, y el monje respondió:

"Soy conocido como Nagasena, oh rey, y con ese nombre mis hermanos y mis padres se refieren a mí".

Entonces el rey comenzó a burlarse de él con preguntas como esta:

"Me dijiste que tus hermanos solían referirse a ti como Nagasena. Ahora, ¿qué es exactamente Nagasena? ¿Quieres decir que el cabello es Nagasena?

¿Quieres decir que el vello corporal es Nagasena?

¿Quieres decir que las uñas, los dientes, la piel, la carne, los nervios, los huesos, la médula, o una o todas estas cosas son Nagasena?

¿Quizás la forma cxterna es Nagasena o las sensaciones o percepciones o la conciencia son Nagasena?"

A cada pregunta el monje respondió que no. Entonces, el rey concluyó:

"Entonces, Nagasena es un sonido vacío y vano. ¿Quién es esa Nagasena que veo frente a mí? ¡Es una mentira, un engaño!"

La parte y el todo.

La primera parte de la narración termina con esta frase. El rey, como muchos materiales hoy, afirma que el hombre como "proyecto personal" no existe. Es solo un conjunto de piezas ensambladas por casualidad, un autómata nacido de miles de millones de intentos realizados por la naturaleza. El hombre es huesos, carne, piel, pelo, uñas, pero no es "hombre" en general. Queriendo entrar en más detalles, casi podríamos decir que el hombre es un conglomerado aleatorio de átomos, como bien argumentó Demócrito ante el Rey Milinda. Sin embargo, el propio Demócrito habría admitido, además del átomo considerado como "algo", la existencia de un "no algo".

La respuesta del monje Nagasena.

Llegamos ahora a la segunda parte del apólogo.

El monje Nagasena respondió al rey Milinda de la siguiente manera:

“Usted, majestad, conoce el lujo. Si camina sobre terreno pedregoso o arenoso, sus pies sentirán dolor. Entonces, ¿cómo llegaste aquí, a pie o en un carro?

“No vine a pie. Vine en un vagón".

“Entonces, si has venido en un carro, mi rey, explícame qué es. ¿Son los caballos el carro?”.

"Yo no dije esto."

"¿El eje es el vagón?"

"Por supuesto que no."

"¿Quizás las ruedas o las cuerdas o el marco o el yugo o los rayos de las ruedas o el aguijón son" el carro "?"

A todas estas preguntas el rey respondió que no.

"¿Entonces algo externo a todas estas cosas es el carro?"

Nuevamente dijo que no.

"Entonces, el carro es un sonido vacío y vano. ¿En qué vagón habrías venido? ¡Lo que dijiste es una mentira, un engaño! ¿Por qué dices cosas falsas?".

Luego llamó a los griegos y a los monjes como testigos, diciendo:

"Milinda el rey dijo que vino con un carro. Pero cuando se le pidió que explicara qué era un carro, no pudo hacerlo".

Los griegos y los monjes aplaudieron y dijeron al rey:

"¡Ahora, Majestad, responda si puede!"

Milinda el rey respondió a Nagasena, diciendo:

"No he dicho ninguna mentira, venerable señor. La combinación de todas estas cosas - los caballos, el eje, las ruedas, el marco, las cuerdas, el yugo, los radios y el aguijón - indica la designación común de carro.

"¡Muy bueno! Entiendes exactamente el significado de carro. Así mismo, es la suma de todas aquellas cosas que me preguntaste anteriormente, cabello, uñas, dientes, percepciones, sentimientos y conciencia, que Nagasena indica."

¿Es el carro un epifenómeno?

Entonces, ¿qué es el carro en realidad? Los materialistas dirían que no hay carro, sino sólo las partes individuales. Las partes son el todo, y el carro existe sólo como un hecho accesorio, un epifenómeno cuya presencia o ausencia no afecta la existencia de las partes. El hecho de que las partes, en su conjunto, formen un carro es completamente casual.

Sin embargo, como anticipé al principio, el vagón no puede ser el resultado de una agregación aleatoria de piezas, de lo contrario tendríamos vagones con ruedas triangulares, cuadradas, elípticas, vagones con las ruedas hacia arriba y el piso hacia abajo, vagones tirados no solo por bueyes o caballos, pero también de lagartos, almejas, canguros o alondras.

Está claro para todos que no hay rastro de estos intentos de ensamblaje aleatorio. Pero esto no nos sorprende, porque cada vagón, en última instancia, es el resultado del trabajo y diseño del hombre, y los vagones de ruedas cuadradas sólo pueden existir como divagaciones del absurdo o expresiones artísticas..

¿Y quién es el que diseñó y montó al monje Nagasena?

Al trasladar la idea de ensamblaje de la esfera de la manufactura a la de los organismos biológicos, y específicamente al ser humano, la pregunta se vuelve más apremiante. ¿Es realmente posible, como pretende el materialismo, que el hombre sea el resultado de ensamblar casullas de unos pocos kilogramos de agua y diversas sustancias minerales?
Si es así, ¿dónde estaría la evidencia de miles de intentos evolutivos fallidos? ¿Dónde están los fósiles de hombres de tres patas, hombres voladores como los pinzones o hombres que se arrastran como las lombrices de tierra? ¡No hay ni la sombra de uno solo de estos!
En una visión más espiritual diríamos que las partes individuales adquieren un significado sólo cuando, combinadas con la inteligencia, dan forma al carro, al mismo monje Nagasena y a todo lo que existe en el universo. Sin embargo, cada conjunto de piezas lógicamente ensamblado requiere de un diseño inteligente que va mucho más allá de la inercia de los materiales que lo componen.

Una agregación misteriosamente milagrosa.

Todo el universo está hecho de materia que se agrega. La maravilla está dada por el hecho de que todo confluye según proyectos inteligentes, desde las galaxias hasta las bacterias.

También el hombre, como el carro del rey Milinda, es el resultado de un proyecto bien definido, querido y creado por un artesano, que sabía muy bien qué resultado quería conseguir.

De este artesano podemos decir que el hombre lo retrata y lo llama por muchos nombres, pero permanece absolutamente desconocido, más allá de nuestra capacidad de comprensión.

Es la idea del "Anima mundi" sustentada, por último, por el conocido psicólogo Carl Jung, quien trasladó la idea del alma del mundo a su teoría más impactante, la del inconsciente colectivo. Es una teoría llena de implicaciones cósmicas.

El "Ánima mundi".

El Alma del mundo es un término filosófico de origen neoplatónico, utilizado para indicar la vitalidad de la naturaleza en su totalidad, considerada como un solo organismo vivo.

Por lo tanto, el Alma del mundo es el principio unificador a partir del cual toman forma los organismos individuales. Todos los organismos individuales, a pesar de estar articulados y diferenciados, cada uno según sus características específicas, están sin embargo unidos entre sí por un alma universal común.

También a la luz de las recientes adquisiciones de la física cuántica, que abre escenarios inesperados sobre la realidad subatómica, las tesis materialistas tendientes a dividir el mundo en partes de materia que se ensamblan al azar están ahora más que obsoletas.

El extraño caso de los calcetines a cuadros..

"El extraño caso de los calcetines a cuadros".

Este artículo ilustra la misma situación que tiene lugar en tres universos diferentes. ¿Cuál de los tres universos es real? ¿El universo es solo explícito, solo cuántico o solo implícito?

Probablemente, el universo son los tres juntos. De hecho, ninguno podría existir sin los demás. La tesis del universo implicado y explicado fue desarrollada por David Bohm, uno de los físicos cuánticos más conocidos. Bohm también desarrolló la teoría del universo holográfico.

Primera situación. El universo "explícito" (comprensible para nuestros sentidos)

Los hechos suceden en la condición cotidiana.

Una buena mañana el Sr. Smith se despierta y decide que, ese mismo día, quiere usar un par de calcetines a cuadros que le regalaron hace años. Desafortunadamente, la Sra. Smith está del otro lado del mundo para la boda de una nieta. Sin perder el coraje, el Sr. Smith lleva a cabo una serie de acciones, una siguiendo a la otra. Numeramos estas acciones precisamente para potenciar el concepto de que cada acción deriva de la anterior, y tiene lugar a una distancia de espacio y tiempo.

1- Smith llama a su mujer preguntando dónde están los calcetines.

2- La mujer ha salido, tendrá que volver a llamar. Smith llama tres veces.

3- En el cuarto intento, Smit encuentra a su esposa poco disponible: "¿Estás loco, George? ¿Hiciste cuatro llamadas al extranjero para averiguar dónde pusimos esos horribles calcetines que te dio tu tía? Probablemente los he tirado, o están en el sótano en la caja de regalos no reciclables".

4- Smith va a la bodega, los encuentra pero desafortunadamente están atravesados por gusanos porque ha pasado demasiado tiempo, por lo que renuncia a usarlos.

Segunda situación. El universo cuántico.

El Sr. Smith sabe que su esposa está en Australia, sin embargo, abre la boca y le habla.

"¿Querido?"

"Dime"

La esposa responde como si estuviera allí, aunque está en Australia. Tal vez sea tanto allí como en Australia.

"¿Dónde pusiste esos viejos calcetines míos a cuadros?"

Están en el primer y segundo cajón.

"Quieres decir que los calcetines están en el primer o segundo cajón".

Abre el cajón de arriba y allí están los calcetines, enrollados uno encima del otro como suele hacerse. Instintivamente abre el segundo cajón también, y los calcetines también están allí. ¡Los calcetines están tanto en el primer cajón como en el segundo! En el segundo cajón los calcetines no están enrollados sino estirados.

Smith cierra el primer cajón y los calcetines están en el segundo, cuidadosamente enrollados.

Smith cierra el segundo cajón y los calcetines están en el primer cajón, perfectamente enrollados.

Smit abre ambos cajones y los calcetines están en ambos cajones, bellamente estirados.

Smith recoge los calcetines que están en el primer cajón y los del segundo desaparecen inmediatamente.

Egl decide ponerse los calcetines, pero se da cuenta de que no son dos. En sus manos solo hay un calcetín.

Smith desliza el calcetín en su pie derecho, y al mismo tiempo su izquierdo se cubre con un calcetín. Sin embargo, mientras que el calcetín derecho es de cuadros rojos y blancos, el izquierdo es de cuadros azules y blancos.

Smith se quita el calcetín del pie izquierdo y el calcetín del pie derecho también desaparece.

Smith decide ponerse los zapatos de todos modos, pero solo encuentra uno. Cuando desliza el zapato negro en su pie derecho, aparece un zapato blanco alrededor de su pie izquierdo.

Eso no es bueno. Smith toma el betún negro y comienza a cubrir el zapato blanco. Mientras este zapato se vuelve negro, el otro zapato toma el color opuesto.

Tercera situación. El universo "implicado".

Esa noche el Sr. Smith soñó con su tía, quien se quejó con él: "Nunca usaste esos maravillosos calcetines a cuadros que te di. Al menos una vez, antes de morir, me gustaría verlos en tus pies".

Se despierta preocupado. Le gustaría ponerse los calcetines pero no sabe dónde están y su esposa no está. En ese momento recibe una llamada telefónica de su esposa:

"Sabes, pensé que tal vez te gustaría ponerte al menos una vez los calcetines que te dio tu tía, quería decirte que están en la caja azul en el armario".

El Sr. Smith se pone los calcetines y va a la oficina. Nada más llegar recibe una llamada telefónica: la tía anciana ha muerto hace unos minutos.

Por tanto, los tres cerebros del señor Smith, su mujer y su tía, aunque distantes en el espacio, los tres han elaborado un acontecimiento, que ni siquiera respeta el tiempo: el sueño indica la muerte de la tía antes de que ésta suceda, y la llamada telefónica de la esposa anticipa el deseo de su marido antes de que él lo manifieste.

Quizás, esos tres cerebros están extrañamente interconectados.

O TODOS los cerebros del universo están interconectados con una Mente superior, lo que Jung llama "inconsciente colectivo" pero también recibe otros nombres, como Anima mundi, Mente Universal, Atman, Mana, Logos, Espíritu, etc.

Enredo cuántico y sincronicidad.

La ciencia nos dice que en el universo cuántico las partículas se comunican entre sí instantáneamente a cualquier distancia: si una partícula es +1/2, la otra es -1/2 y si la primera cambia, instantáneamente también cambia la segunda, en cualquier parte del universo es. Este fenómeno se llama "entrelazamiento cuántico".

En cuanto a una Mente universal, capaz de coordinar eventos sin causa e independientemente del tiempo, la física no nos dice nada pero Jung ha desarrollado la "teoría de la sincronicidad".

Los eventos sincrónicos no tienen causa ni efecto, pero los conectamos porque los ENTENDIMOS, tienen SENTIDO para nosotros. Y todos sabemos que, de alguna manera, en ocasiones, hemos sido protagonistas de hechos similares.

Entonces, ¿tres universos o solo uno?

¿Cuál de los tres universos es real? ¿El universo es solo explícito, solo cuántico o solo implicado?

La hipótesis de esta página es que la realidad está formada por las tres cosas juntas. De hecho, ninguna situación podría existir sin las otras.

La tesis del universo implicado y explicado fue desarrollada por David Bohm, uno de los físicos cuánticos más conocidos. Bohm también desarrolló la teoría del universo holográfico.

La afirmación de Sócrates "Sé que no sé nada" sigue siendo válida para todos, incluyéndome, por supuesto.

Esta afirmación es indigerible para cierta clase científica inspirada en el materialismo, ligada al pensamiento de que lo que no es repetible en el laboratorio no existe. Pero, ¿son repetibles en el laboratorio la felicidad, el enamoramiento, el dolor, las esperanzas?

Efecto mariposa. No todo tiene una causa.

"Rehabilitemos la mariposa brasileña. Ella no es responsable de las tormentas de Texas".

Efecto mariposa. No todo tiene una causa.

Un dicho famoso dice que una mariposa, batiendo sus alas, puede causar una tormenta al otro lado del mundo. Los materialistas argumentan que esto es cierto. Pero… la teoría cuántica plantea la cuestión del probabilismo: a nivel subatómico suceden cosas que no se pueden medir. Las mariposas brasileñas pueden estar tranquilas, sin remordimientos de conciencia: no es seguro que el batir de sus alas sea la causa de los tornados de Texas. De hecho, tal vez este no sea el caso en absoluto.

Hay algo cierto.

De hecho, según la física actual, una sola acción puede determinar eventos posteriores, en cascada.
Dado que el universo está compuesto de materia, espacio y sobre todo tiempo, algo que sucede AQUÍ HOY tiene consecuencias y provoca eventos, ENTONCES, EN OTRO LUGAR. Estos hechos provocan otros, incluso posteriores en el tiempo, en otros lugares, etc.

No muevas el electrón!

En 1950 Alan Turing escribió en su libro "Máquinas de cálculo e inteligencia":

> "El desplazamiento de un solo electrón en una milmillonésima de centímetro en un momento dado podría significar la diferencia entre dos eventos muy diferentes, como la muerte de un hombre un año después en una avalancha, o su salvación".

En 1972, Edward Lorentz tituló una de sus conferencias: "¿Puede el aleteo de una mariposa en Brasil causar un tornado en Texas?"
En el mundo científico de hoy, donde todo se puede pesar, medir y determinar en el laboratorio, por lo tanto un mundo hecho solo de materia, colocado en una dimensión donde el tiempo solo avanza, esto también es posible.
Todo es posible, siempre que se pueda medir, y para ello debe tener un peso y un tamaño.

Sin embargo, ¡no todo se puede medir!

Esta ciencia ignora por completo la existencia del espíritu, niega que el universo pueda tener, además de una dimensión material, también una dimensión psíquica.

Mejor aún, podemos decir que para la ciencia actual todo lo que sucede DEBE tener una causa, DEBE estar conectado en tiempo y espacio a otra cosa de la cual recibe la energía necesaria para que suceda.

Como en el juego de billar, ninguna bola se mueve a menos que otra bola la empuje.

PERO AÚN…

La negación de la dimensión psíquica (o del espíritu) en boga desde hace algunos siglos, digamos desde Galileo en adelante, choca con los descubrimientos de la física del siglo pasado, y con los estudios de eminentes científicos.

Hay fenómenos que suceden inexplicablemente sin causa.

Increíblemente, la física nos dice que SÍ, hay fenómenos que suceden inexplicablemente sin causa, sin conexión alguna entre las partes involucradas en el fenómeno, y que estos fenómenos pueden ocurrir a pesar del tiempo y el espacio.

El fenómeno del ENANGLEAMIENTO de las partículas elementales nos dice que dos partículas, si en un momento determinado han estado en contacto entre sí, permanecen conectadas aunque estén separadas a distancias inimaginables, aunque estén situadas en universos separados. Si una de las dos partículas invierte el espín, INMEDIATAMENTE, a la distancia que sea, la otra también lo hace.

Esto sucede mientras no puede existir comunicación física o transferencia de energía entre las dos partículas. Simplemente, como si fueran una sola, las dos partículas se conforman entre sí, desafiando la ciencia materialista.

Decíamos: dos partículas que han estado en contacto entre sí. Pero en el Big Bang, ¿no estaban TODAS las partículas del universo en contacto entre sí?

Con esto, ¿existe una dimensión en el universo que no esté hecha de tiempo y materia, una dimensión psíquica que conecte a cada átomo a una "mente universal" y que también nos conecte a TODOS a una misma mente?

Teoría unificadora.

Carl Jung y Wolfgang Pauli combinaron sus experiencias científicas en la búsqueda de una teoría que unificara espíritu y materia.

Por su parte, Stephen Hawking, en su último estudio sobre la teoría unificadora del cosmos, incluyó en sus fórmulas una variable muy similar.

Mientras tanto, las mariposas brasileñas pueden descansar tranquilas y batir tranquilamente sus alas: no es seguro que sean siempre y solo ellas las causantes de los tornados de Texas. De hecho, tal vez, no lo son en absoluto.

Las declinaciones de la conciencia.

Carl Jung y la casa de varios pisos.

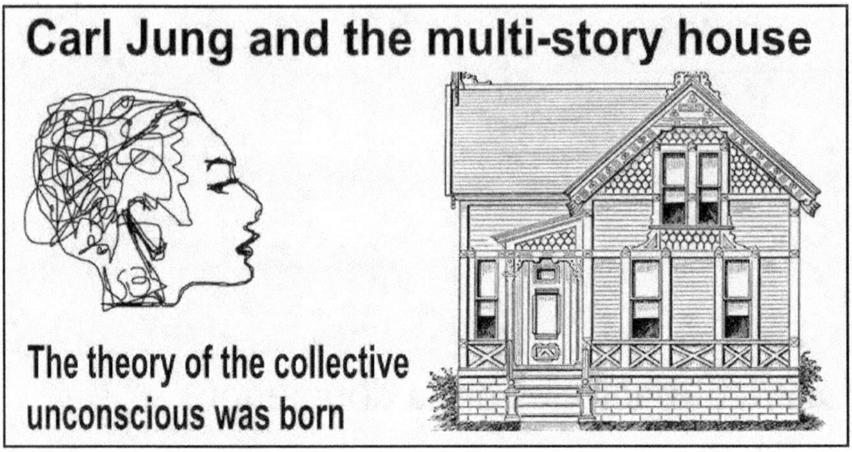

"Carl Jung y la casa de varios pisos. Nace la teoría del inconsciente colectivo".

En su libro "Memorias, sueños y reflexiones" Carl Jung explica la génesis de su teoría sobre el inconsciente colectivo. Todo comenzó con crecientes malentendidos con Sigmund Freud, que culminaron en la interpretación reduccionista de un sueño por parte de Jung. Jung rechazó la versión freudiana y prefirió darle a su sueño una clave interpretativa completamente original, que culminó con la publicación de su obra de vanguardia, "La libido, símbolos y transformaciones" en 1912.

A continuación retomamos la historia de Jung, que comienza exponiendo las razones del desacuerdo con Freud.

Malentendidos entre Jung y Freud.

"El año 1909 fue decisivo para nuestras relaciones. Consideré a Freud como una personalidad mayor, más experimentada y madura, y me sentí como un hijo suyo. Pero luego sucedió algo que asestó un duro golpe a nuestra amistad. Freud tuvo un sueño, que involucró problemas que no me siento autorizado a informar. Lo interpreté lo mejor que pude, pero agregué que se podría haber dicho mucho más si me hubiera dado algunos detalles sobre su vida privada. Ante estas palabras, Freud me miró sorprendido, con una mirada llena de sospecha, y luego dijo:

"¡No puedo poner en peligro mi autoridad!"

Su autoridad, la perdió en ese momento. Esa frase quedó impresa como una marca imborrable en mi memoria, y en ella ya había un anticipo del fin de nuestra amistad. ¡Así, Freud colocó la autoridad personal por encima de la verdad!

Como ya he dicho, Freud no supo interpretar los sueños que tuve, o los interpretó sólo parcialmente. Eran sueños de contenido colectivo, con mucho material simbólico. Uno fue particularmente importante para mí, porque por primera vez me llevó al concepto de "inconsciente colectivo", y por lo tanto representó una especie de preludio de mi libro "Wandlungen und Symbole der Libido". (La libido, símbolos y transformaciones).

Jung continúa la narración relatando su sueño quizás más famoso, conocido como "La casa de varios pisos".

El sueño de Carl Jung.

"Estaba en una casa desconocida de dos pisos. Era "mi casa". Yo estaba arriba, donde había una especie de sala amueblada con hermosas antigüedades de estilo rococó. Viejas pinturas valiosas colgaban de las paredes. Me sorprendió pensar que esta podría ser mi casa, y pensé: "¡No está mal!". Pero luego se me ocurrió que no sabía cómo era el piso inferior. Bajé las escaleras y llegué a la planta baja.

Todo era mucho más antiguo, y entendí que esta parte de la casa debía datar de alrededor del siglo XV o XVI. Los muebles eran medievales y los suelos de ladrillo rojo. Todo estaba bastante oscuro. Fui de habitación en habitación, pensando: "¡Ahora realmente tengo que explorar toda la casa!" Llegué a una puerta pesada y la abrí: descubrí una escalera de piedra que conducía al sótano. Bajé las escaleras y me encontré en una habitación con un hermoso techo abovedado, excepcionalmente antiguo.

Examinando los muros descubrí, entre los bloques de piedra comunes, capas de ladrillos y fragmentos de ladrillos contenidos en la argamasa: de ahí me di cuenta de que los muros se remontaban a la época romana. Estaba más interesado que nunca. También examiné el piso, que estaba hecho de losas de piedra, y en uno noté un anillo: lo levanté, y la losa de piedra se elevó, revelando otra escalera, de estrechos escalones de piedra que conducían a lo profundo. También bajé estos escalones y entré en una cueva baja excavada en la roca. Una gruesa capa de polvo cubría el suelo, y los huesos y fragmentos estaban esparcidos por el polvo, como los restos de una civilización primitiva. Descubrí dos cráneos humanos, evidentemente de tiempos remotos y medio destruidos. En este punto terminó el sueño."

La interpretación de Freud.

"Lo que más interesó a Freud en este sueño fueron los dos cráneos. Siguió volviendo a ellos y me instó a descubrir un deseo que estaba relacionado con ellos. ¿Qué pensé de las calaveras? ¿Y de quién eran? Por supuesto, sabía exactamente lo que buscaba: mostrar que los deseos secretos de muerte estaban ocultos en el sueño: "¿Qué es lo que realmente quiere?" Pensé dentro de mí. ¿A quién, entonces, debo desear la muerte? Sentí una violenta resistencia a tal interpretación, y también tuve una idea de lo que realmente podría significar el sueño. Pero entonces todavía no confiaba en mi juicio, y quería escuchar la opinión de Freud. Quería aprender de él. Por lo tanto, favoreciendo su intención, dije: "Mi esposa y mi cuñada". ¡Después de todo, tenía que nombrar a alguien cuya muerte valiera la pena desear!"

Por lo tanto, según la interpretación de Freud (también comprometida por la mentira de Jung, hay que decirlo) ese sueño representaba un conflicto tan poderoso que quería que las dos mujeres murieran.

Sin embargo, Jung ya tenía las ideas bastante claras y por ello, decepcionado por la interpretación reduccionista de Freud, se sintió animado a desarrollarlas, tal como las expone en la continuación del relato:

La conciencia en el sueño de Jung.

"Me quedó claro que el sueño representaba una especie de imagen del psiquismo, es decir, del estado en que se encontraba entonces mi conciencia, con el agregado de las integraciones inconscientes adquiridas hasta entonces. La conciencia estaba representada por la sala de estar: tenía la atmósfera de un lugar habitado, a pesar del estilo de otros tiempos."

El subconsciente.

"El subconsciente real comenzó con la planta baja. Cuanto más bajaba, más extraño y oscuro se volvía. En la cueva había descubierto los restos de una civilización primitiva, es decir, el mundo del hombre primitivo en mí mismo, es un mundo que difícilmente puede ser alcanzado o iluminado por la conciencia. El psiquismo primitivo del hombre linda con la vida del alma animal, así como las cavernas de la prehistoria solían estar habitadas por animales antes de que los hombres las reclamaran para sí.

A la condición de mi conciencia que acabamos de describir, el sueño añadió aún otras estratificaciones: la planta baja medieval deshabitada durante algún tiempo, luego el sótano romano, finalmente la cueva prehistórica; representaciones de tiempos pasados y etapas remotas de la conciencia."

La formación cultural que subyace a los malentendidos con Freud.

"Entonces me di cuenta claramente de cuán fuerte era la diferencia entre la actitud intelectual de Freud y la mía. Había crecido en la atmósfera histórica de Basilea a fines del siglo XIX y había adquirido, gracias a la lectura de los filósofos antiguos, un cierto conocimiento de la historia de la psicología. Cuando reflexioné sobre los sueños y los contenidos del inconsciente, nunca lo hice sin hacer comparaciones históricas; en el momento de mis estudios siempre había usado el viejo diccionario de filosofía Krug. Conocí especialmente a los escritores del siglo XVIII y principios del XIX. Este era el mundo que creaba la atmósfera de mi sala de estar en el primer piso.

En cambio, tuve la impresión de que la historia espiritual de Freud comenzó con Büchner, Moleschott, Dubois-Reymond y Darwin."

Conclusiones de Jung.

"Mi sueño, por lo tanto, representaba una especie de diagrama estructural de la psique humana, una suposición de naturaleza completamente impersonal. Esta idea dio en el blanco, "hizo clic", como dicen los británicos; y el sueño se convirtió en una imagen guía para mí, que luego se fortalecería hasta un grado insospechado. Fue mi primera intuición de la existencia, en el psiquismo personal, de un "a priori colectivo", que en un principio creí constituido por vestigios de modos primitivos de actuar. Más tarde, con la experiencia más amplia y sobre la base de conocimientos más ciertos, reconocí en esas formas de actuar formas instintivas, es decir, arquetipos."

El enredo y el subconsciente colectivo.

"En unión con el cosmos".

La física cuántica, la ciencia del siglo estudiada por el premio Nobel Wolfgang Pauli, convierte todo el cosmos en una sola cosa. El entrelazamiento predice la existencia de un cosmos psíquico.

El enredo y el subconsciente colectivo.

Hay fenómenos biológicos que no pueden ser explicados por los modelos bioquímicos y físicos conocidos hasta el momento.

Por ejemplo, no existe una explicación convincente para la increíble sincronía de vuelo típica de grandes bandadas de pájaros o para las evoluciones simultáneas en el agua de enormes bancos de peces.

En conjunto, estas agregaciones de animales individuales parecen comportarse como si tuvieran una "mente colectiva".

Esta mente común es capaz de percibir, por ejemplo, la aproximación de un depredador y coordina las maniobras defensivas de todo el grupo.

Miles de animales pueden abrirse, girar, subir y bajar instantáneamente con una sincronicidad asombrosa.

Una comunicación instantánea.

Esta increíble sincronización puede simbolizar la comunicación instantánea, sin límites de espacio y tiempo, que se produce entre partículas elementales. El fenómeno se llama "enredo".

Dos o más partículas, relacionadas entre sí, parecen tener las propiedades típicas de las realidades biológicas recién mencionadas, de hecho, muchas más. Aunque las partículas están separadas y dispersas por todo el cosmos, siguen comportándose como si fueran una sola.

La coordinación de partículas entrelazadas no puede ser determinada por los factores físicos que regulan la materia. De hecho, no sucede a través del intercambio de señales físicas. Esto lo demuestra el hecho de que las interacciones entre partículas son instantáneas, es decir, superan el límite físico de la velocidad de la luz.

¿El universo está hecho sólo de materia?

La ciencia de los últimos siglos se ha centrado en el mundo de la materia, aquel en el que el hombre vive y madura todas sus experiencias. En consecuencia, nos hemos acostumbrado a razonar en términos deterministas: toda la realidad consiste en eventos generados y manejados por la materia.

Sin embargo, los hallazgos de la física cuántica llevan a conclusiones diferentes. Muchos científicos han entendido que la realidad en la que vivimos es más que materia.

No somos prisioneros de un universo estéril hecho de piedras, gases y moléculas orgánicas nacidas de mecanismos bioquímicos aleatorios. En cambio, vivimos en un universo con conciencia.

El principio antrópico revela que el universo fue diseñado precisamente para permitir la vida y la inteligencia.

El entrelazamiento demuestra que existe un nivel de "gestión del universo" superior a las leyes del materialismo físico. Pero también lleva a conclusiones extraordinarias.

Si dos partículas, incluso después de estar separadas, continúan comportándose como si fueran una sola, entonces el universo entero está dominado por una fuerza que lo hace único. De hecho, todo el universo está formado por partículas relacionadas, porque todas provienen del Big Bang.

El enredo pone en juego la metafísica.

Carl Jung partió de un fenómeno inexplicable, el de las coincidencias extraordinarias de las que todos somos a menudo protagonistas. Por ejemplo, soñamos con un ser querido en peligro y al día siguiente nos enteramos de que el hecho ha sucedido.

¿Cómo pudimos saber antes, cómo pudimos recibir esta información en sueño, sobre todo si la persona vive muy lejos de nosotros?

Jung teorizó la existencia de un inconsciente colectivo, es decir, una conciencia universal externa a los individuos individuales, en la que pueden inspirarse las conciencias individuales.

Los arquetipos fluyen a nuestra conciencia desde el inconsciente colectivo, que en nuestra percepción se transforman en advertencias, consejos, estados de ánimo, premoniciones, conciencia.

El entrelazamiento predice la existencia de un cosmos psíquico.

El milenio que comienza será la era que encontrará la "fórmula unificadora" de materia y espíritu.

El arquetipo de la Sombra.

"El arquetipo de la Sombra".

Desafortunadamente, no hay duda de que, en general, el hombre es menos bueno de lo que él mismo imagina o quiere ser "(Carl Jung)

El arquetipo de la Sombra tiene contenidos que a veces queremos ocultar incluso a nosotros mismos.

Breve introducción.

Jung imaginó que en la psique de cada individuo hay tres "capas":

- Conciencia individual.
- Subconsciente individual.
- Subconsciente colectivo.

Llegó a esta conclusión después de su famoso sueño sobre la "casa", que consta de varios niveles: desde el piso superior, hasta la planta baja, hasta el sótano, hasta la escotilla secreta en el fondo del sótano.

La primera capa, la conciencia, no necesita explicación porque es el estado consciente de la psique de cada individuo.

Subconsciente individual y subconsciente colectivo.

El itinerario de diferenciación entre Jung y Freud alcanzó su punto máximo cuando, en 1912, Jung decidió publicar su obra (La libido: símbolos y transformaciones) en la que exponía todas sus disensiones teóricas.

En este libro manifiesta su orientación, dirigida a extender la investigación analítica de las historias individuales a la humanidad en su conjunto. De hecho, según Jung, además de un subconsciente individual existe un subconsciente colectivo, que manifiesta su presencia y actúa a través de arquetipos.

Jung afirma que el subconsciente personal debe su existencia a la experiencia personal y se compone esencialmente de contenidos que han sido conscientes, aunque hayan sido olvidados o eliminados.

Por el contrario, los contenidos del subconsciente colectivo nunca han estado en la conciencia individual y por lo tanto nunca han sido adquiridos a través de la experiencia, sino que son una especie de "herencia" gratuita que todos recibimos: es un verdadero tesoro, la experiencia de toda la humanidad que vivió antes que nosotros.

En consecuencia, Jung distingue los dos tipos de subconsciente refiriéndose a su contenido: el subconsciente individual contiene sobre todo complejos; el subconsciente colectivo, en cambio, está formado esencialmente por arquetipos, o "modelos primordiales”.

Los arquetipos.

Los arquetipos corresponden a las experiencias maduradas por la humanidad a lo largo de su historia evolutiva. Son la memoria de la humanidad, y están encerrados en un espacio que Jung llama el "subconsciente colectivo". Él lo define así porque no es individual sino compartido, accesible a toda la humanidad ya cada uno de los seres humanos.

Los arquetipos que residen en el subconsciente colectivo tienen el poder de intervenir en la vida de los individuos generando episodios que Jung llama sincronicidad.

En la construcción de esta teoría contó con la participación y el apoyo moral del famoso físico premio Nobel Wolfgang Pauli, quien lo animó a expresar sus conclusiones a pesar de que Jung dudó durante años en hacerlo. Pauli lo convenció de publicar juntos, en 1952, una obra que contenía dos ensayos, uno de Pauli y otro de Jung. La contribución de Jung se tituló "La sincronicidad como principio de las conexiones acasuales".

Entre los arquetipos hipotetizados por Carl Jung recordamos:

- El Alma (figura femenina en el inconsciente masculino).
- el Animus (figura masculina en el inconsciente femenino).
- El Viejo Sabio, la Madre, el Agua, el Inocente, el Huérfano, el Guerrero, el Ángel de la Guarda, el Amante, el Buscador, el Destructor, el Creador, el Gobernante, el Mago, el Sabio, el Loco.

Seguramente el arquetipo más oscuro es la Sombra.

El arquetipo de la Sombra.

Según Carl Jung, el arquetipo de la Sombra representa el "lado oscuro" de nuestra personalidad. Este es el mundo subterráneo de nuestra psique, el escondido bajo la trampilla en el sótano de la "casa" de Jung. Aquí está el núcleo más primitivo de la psique, un conjunto de los instintos más reprimidos, egoísmos, predisposiciones bestiales. Este componente está ahí, aunque nuestra mente consciente lo rechace porque repugna hurgar en los abismos más profundos de la propia psique.

"Sombra" es un término que Jung tomó de Friedrich Nietzsche. A primera vista, la mayoría de nosotros creemos que somos y nos hacemos pasar por buenas personas con nobles intenciones. Dentro de nosotros, sin embargo, hay dimensiones reprimidas, instintos heredados en los que a veces acechan la violencia, la ira y el odio. Al respecto Jung dice:

> "Desgraciadamente, no hay duda de que, en general, el hombre es menos bueno de lo que él mismo imagina o quiere ser. Todo el mundo tiene una sombra, y cuanto más se oculta de la vida consciente del individuo, más negra y densa se vuelve la sombra. En todo caso es uno de nuestros peores obstáculos, ya que frustra nuestras mejores intenciones"

Incluso todo lo que consideramos "malo" debido a nuestra educación y las normas morales de nuestra sociedad, se convierte en nuestra sombra.

Sin embargo, no debemos pensar que llevamos dentro un Mr. Hyde ansioso por poder salir a la luz.

A menudo, la Sombra es el punto de partida para una renovación de la personalidad. El "enfrentamiento con la Sombra" representa la primera fase de la terapia junguiana. De hecho, muy a menudo nuestros "defectos" derivan su origen de los complejos subconscientes presentes en nuestra Sombra.

El arquetipo de la Sombra no habita sólo en los individuos. A veces también está presente en "grupos de personas", en sectas, comunidades políticas o religiosas o de cualquier otro tipo. Probablemente toda multinacional tiene una Sombra muy oscura. A menudo sucede que estas organizaciones obedecen a los impulsos de su Sombra para justificar actos de violencia o fraude contra la humanidad.

Conclusiones.

En resumen, el subconsciente colectivo representa un contenedor de "ideas" o "modelos", los arquetipos.

Es como una conciencia superior, a la que están conectadas todas las conciencias individuales, para que sus contenidos puedan ser compartidos.

Los arquetipos contenidos en el subconsciente colectivo son las formas y símbolos que se manifiestan en todos los pueblos de todas las culturas. Todos podemos recurrir a este contenido sin haberlo experimentado directamente.

Jung construye la teoría del inconsciente colectivo a partir del examen de las extrañas coincidencias que afectan a todas las personas. Cuando estas coincidencias se manifiestan de manera tan significativa que no pueden ser consideradas meros frutos del azar, se convierten en sincronicidades. Al no ser el resultado de la casualidad, las sincronicidades necesitan un nivel superior de conciencia para ser explicadas.

El portal de la sincronicidad.

"El portal de la sincronicidad".

Sincronicidad es el nombre con el que Jung indica el fenómeno que genera eventos extraordinarios en nuestra existencia como presentimientos, premoniciones, sueños que se hacen realidad. Las sincronicidades también indican la sucesión de hechos sin vínculos entre ellos, pero que en su conjunto adquieren un significado preciso en nuestra percepción.

¿Cuándo ocurre la sincronicidad?

Una sincronicidad se produce cada vez que un conjunto de "señales" nos lleva a un desenlace del que podemos decir "lo sentí, lo esperaba", como si algo o alguien hubiera querido advertirnos y darnos un consejo de conducta. Es verdadera sincronicidad cuando esto sucede sin que ya tengamos el conocimiento necesario dentro de nosotros para procesar la conclusión. Ejemplo: Tengo que salir de viaje pero de repente, por una extraña sensación de malestar, decido no salir más, y el vehículo (tren, avión, otro) se ve envuelto en un grave accidente con muchas víctimas.

¿De dónde proviene este conocimiento?

Evidentemente este conocimiento no puede haber sido elaborado en nuestra mente que, según la ciencia actual, no puede predecir el futuro. Jung sugiere que el conocimiento total del universo está contenido en una conciencia superior, a la que llama "subconsciente colectivo". Todos nosotros, además de recurrir a nuestra conciencia individual que contiene información muy limitada, también podemos recurrir al subconsciente colectivo que contiene todo el conocimiento del universo.

Este conocimiento prácticamente infinito está presente en el subconsciente colectivo en forma de ARQUETIPOS, es decir, principios de conocimiento, que pueden manifestarse psíquicamente en nosotros a través de medios como sueños, premoniciones, sensaciones o el desciframiento de hechos significativos que ocurren en nuestro vida cotidiana: hechos que individualmente podrían considerarse como pertenecientes al caso, pero que en su conjunto se confirman entre sí hasta converger en una sola profecía.

¿Por qué no sucede siempre?

Jung hace esta pregunta y establece una relación entre la ocurrencia de la sincronicidad y nuestro consentimiento para que ocurra. Según Jung, nuestra conciencia individual establece un nivel de vigilancia que impide que la conciencia colectiva penetre en nosotros. Para permitir que el subconsciente colectivo vierta sus arquetipos en nuestra conciencia individual, esta conciencia debe bajar su nivel de vigilancia, sus defensas; que instintivamente no estamos dispuestos a hacer.

En su ensayo "La sincronicidad como principio de las conexiones casuales", Jung escribe:

"Cada estado emocional provoca una modificación de la conciencia, modificación que Pierre Janet ha definido "abaissement du niveau mental" (bajada del nivel mental). Esto significa que se produce un cierto estrechamiento de la conciencia y al mismo tiempo un fortalecimiento del subconsciente. ... En consecuencia, la conciencia cae bajo la influencia de impulsos y contenidos subconscientes instintivos ".

La conciencia naturalmente baja sus niveles de defensa ante un trauma psicológico o eventos emocionales complejos, como un cambio repentino en nuestro nivel de vida, el amor, la traición, la pérdida de un ser querido. A veces, el fenómeno sincrónico precede a tales eventos, confirmando que el tiempo es solo nuestra percepción y que a nivel del subconsciente todo es solo presente, no hay un antes y un después.

Psicología oriental.

La psicología oriental tiende a enseñar la disminución de los niveles de defensa de la conciencia como objetivo y resultado de los ejercicios, y sin embargo también confirma que el contacto con la dimensión misteriosa del universo (el Tao) se da a través del alejamiento de uno mismo.

Comentando sobre el Chuang-tzu, Hans Kung escribe: "El texto habla tanto de 'sentarse y olvidar' como de 'ayuno del corazón', lo que significa nada más que vaciar los sentidos y la mente:

"Que tus oídos y tus ojos entren en comunicación con tus íntimos… Entonces los dioses y los espíritus también vendrán a visitarte".

En una conversación con Confucio, el discípulo Yen Hui dice:

- He hecho algunos progresos. He venido a callar y me he olvidado de todo

- ¿Qué quiere decir con esto? Confucio preguntó

- Olvidé mi cuerpo y abandoné mi conocimiento. Lejos del cuerpo y libre del conocimiento "Me he vuelto uno con eso que todo penetra”

Tao y Espíritu.

En la concepción occidental el Tao puede considerarse análogo al Espíritu de la Biblia. El Espíritu Santo impregna toda la creación y del Espíritu descienden todas las iluminaciones que guían al hombre y lo hacen capaz de ser profeta de su vida.

En el libro de Joel Dios dice:

“...Después de esto, derramaré mi Espíritu sobre todo hombre
Y vuestros hijos e hijas serán profetas.
Los ancianos tendrán sueños, los jóvenes tendrán visiones.
Incluso en esclavos y en esclavas
En aquellos días, derramaré mi Espíritu” (Joel 3)

Los canales de comunicación con el Espíritu son la meditación y la oración, pero una vez más la Biblia con las palabras de Jesús confirma que esto debe suceder alejándose del mundo y de uno mismo:

“Pero tú, cuando ores, entra en tu aposento y, cerrando la puerta, ora a tu Padre que está en secreto” (Mateo 6)

Jung y Freud, los polos opuestos de la psicología moderna.

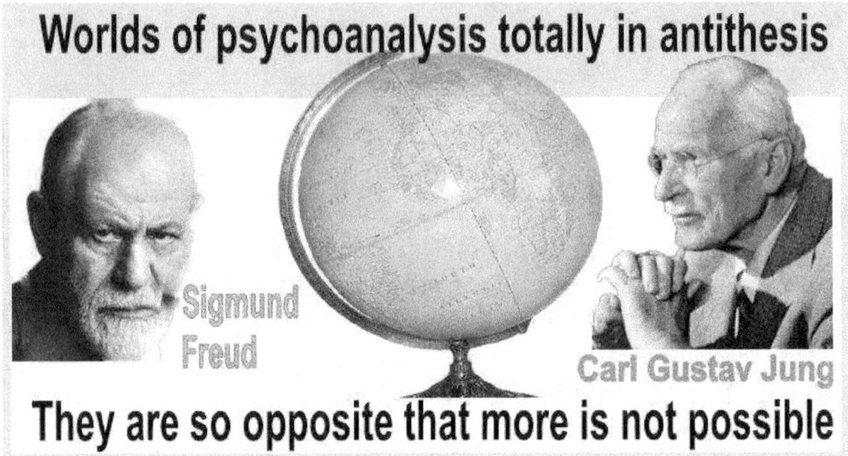

"Mundo del psicoanálisis en antítesis. Dos polos tan opuestos que no se puede más".

Jung y Freud eran dos personas muy diferentes en edad, clase social, religiosidad, intereses culturales, situaciones familiares. Eran casi contemporáneos, por lo que se conocieron y, durante un tiempo, trabajaron juntos. Su colaboración, donde Freud, ya establecido, asumió el papel de "maestro", comenzó en 1907. Freud llegó a decir que Jung era su "hijo mayor adoptivo". Sin embargo, debido a sus diferencias, interpretaron la realidad y la psicología humana de manera muy diferente.

La psicología, un tema de moda.

La psicología es un tema bastante de moda, por lo que se habla mucho de ella, en libros, periódicos, medios televisivos, y en las más variadas ocasiones. Aunque la cantidad de información es grande y cualitativamente valiosa, no logra involucrar a un gran grupo de personas (probablemente la mayoría) que, sin tener tiempo ni necesidad, mantienen una comprensión decididamente aproximada del tema. Así sucede al escuchar opiniones en las que se enredan razonamientos y conceptos de los que emergen nombres célebres misericordiosamente unidos por nada más que por el vacío de información de quienes hablan de ellos.

Quienes han mostrado interés en los argumentos expresados en esta página suelen ser junguianos. De hecho, Carl Jung, primero colaborativo, luego en desacuerdo y finalmente en clara oposición con Freud, elaboró las teorías de las que hablamos extensamente en esta página. Estas son las teorías que Jung amplió en su colaboración con Wolfgang Pauli. Estoy hablando de las teorías del inconsciente colectivo y la sincronicidad. Son teorías que entran en la categoría del espíritu, y no tienen nada que ver con el pensamiento freudiano, de orientación materialista.

Carl Gustav Jung y Sigmund Freud..

Jung y Freud eran dos personas muy diferentes en edad, clase social, religiosidad, intereses culturales, situaciones familiares.

Por supuesto, eran casi contemporáneos, por lo que se conocieron y, durante un tiempo, trabajaron juntos. Su colaboración, donde Freud, ya establecido, asumió el papel de "maestro", comenzó en 1906. Freud llegó a decir que Jung era su "hijo mayor adoptivo". Sin embargo, debido a sus diferencias, interpretaron la realidad y la psicología humana de manera muy diferente.

Sigmund Freud fue un neurólogo nacido en Austria. Inició y formó una de las corrientes psicológicas más potentes y tradicionales: el psicoanálisis.

Carl Gustav Jung fue una de las principales figuras intelectuales del pensamiento psicológico y psicoanalítico, psiquiatra, psicoanalista, antropólogo y filósofo suizo.

Nació el 26 de julio de 1875 en Kesswil, Suiza, de Paul Achilles Jung, un teólogo y pastor protestante, y de Emilie Preiswerk. Se licenció en medicina y en 1900 ingresó en el hospital psiquiátrico de Zúrich.

Inicialmente se acercó al pensamiento de Sigmund Freud, coincidiendo con sus interpretaciones de los fenómenos psíquicos. Los dos se conocieron en Viena en 1907, y en esa ocasión hablaron durante trece horas.

A raíz de esta colaboración Jung comenzó a ser llamado el "delfín" del psicoanálisis, y se esperaba que fuera el sucesor de Freud al frente del movimiento psicoanalítico.

Aquí hay algunos extractos de mi libro "Todos los colores del enredo":

Disensión y ruptura entre Jung y Freud.

En cambio, al cabo de sólo un par de años aparecieron los primeros signos de sus disensiones, que darían lugar a las dos principales orientaciones históricas del psicoanálisis, entendido por Freud como terapia y por Jung como una forma de conocer la psiquis.

Esta doble visión se arraigó rápidamente, tanto que, ya en 1909, la Universidad de Clark, habiendo planificado un ciclo de conferencias en los Estados Unidos, los invitó a ambos.

Durante el viaje en barco, los dos científicos decidieron practicar analizando los sueños del otro. Sin embargo, Jung no quedó satisfecho con la colaboración de Freud. Freud, en opinión de Jung, mantuvo una actitud de reticencia tratando de ocultar algunos aspectos de su vida privada que en cambio hubieran sido indispensables para un mejor análisis.

Cuando Jung expresó esta perplejidad, Freud no negó sino que afirmó que la razón de su reticencia era que no podía revelar aspectos de su propia personalidad que pudieran haber puesto en peligro su autoridad. A partir de este episodio, la estima de Jung por Freud comenzó a desvanecerse y también su aprecio por sus teorías.

Año 1912. Jung pone fin a la colaboración con Freud.

A ello se sumó el crecimiento de un itinerario de diferenciación conceptual, que alcanzó su cúspide cuando, en 1912, Jung decidió publicar su obra (Libido: símbolos y transformaciones) en la que exponía todas sus disensiones teóricas.

En este libro manifiesta su orientación, encaminada a extender la investigación analítica desde el relato del individuo al conjunto de la humanidad: de hecho, según Jung, además de un subconsciente individual existe un subconsciente colectivo, que manifiesta su presencia y Actúa a través de arquetipos.

En esta visión, la vida del individuo se convierte en un camino a través del cual se realiza la realización del yo personal. Jung llama a esto el "proceso de descubrimiento".

Tras la publicación de este libro, sus relaciones con Freud se rompieron. Sobre el pensamiento de Freud dijo: "El cerebro es visto como un apéndice de los genitales".

En cuanto al contenido de las dos interpretaciones, y su diferenciación, podemos considerar que Jung compartió inicialmente con Freud la hipótesis relativa a la enfermedad mental. Según Freud, estos, para ser comprendidos, requieren el conocimiento de la historia individual del paciente y los procesos de represión que acompañan a esta historia. Freud cree que se trata de procesos relativos a contenidos de carácter exclusivamente sexual.

En un segundo momento Jung formuló la hipótesis de que los fenómenos de la psique no eran como los describió Freud. Según la teoría que estaba construyendo Jung, los fenómenos psíquicos eran manifestaciones de una energía presente en la naturaleza, la libido.

Libido y símbolos.

La libido es una especie de impulso vital, una pulsión que dinámicamente apunta a la vida y conservación de la especie.

Por tanto, en la terapia psicológica no es necesario tener presente únicamente el componente biológico, con un enfoque en última instancia pesimista, sino también el espiritual, que confiere una sana tensión encaminada a conseguir la mejora.

Según Jung, los impulsos de la libido también pueden desviarse hacia conceptos y ambiciones intangibles y, por lo tanto, pueden generar una evolución espiritual. La enfermedad psíquica se produce cuando se bloquea este proceso evolutivo; bajo estas condiciones surgen las neurosis. La libido funciona produciendo símbolos. Gracias a esto, el hombre primitivo pudo trasladar los impulsos inmediatos dirigiéndolos hacia la creatividad, iniciando así la transición del nivel instintivo animal al cultural.

Los símbolos de la libido tienen contenidos que van más allá de la conciencia individual y pueden contribuir a transformar la naturaleza del hombre.

Los arquetipos.

Algunos de estos símbolos son universales, comunes y compartidos por todos los individuos. Jung los llama arquetipos, un término derivado del griego que se puede hacer más comprensible con traducciones como "imágenes originales", "modelos", "imágenes virtuales", "representaciones posibles".

Los arquetipos corresponden a las experiencias maduradas por la humanidad a lo largo de su historia evolutiva a medida que desarrollaba la conciencia. Son la memoria de la humanidad, y están encerrados en un espacio que Jung llama el "subconsciente colectivo". Este subconsciente es "colectivo" porque no es individual sino compartido, accesible por toda la humanidad y por cada uno de los seres humanos.

Los arquetipos que residen en el subconsciente colectivo tienen el poder de intervenir en la vida de los individuos generando episodios que Jung llama sincronicidad.

En la construcción de esta teoría contó con el apoyo y respaldo del famoso premio Nobel de física Wolfgang Pauli, quien lo animó a expresar sus conclusiones a pesar de que Jung dudó durante años en hacerlo. Pauli lo persuadió para que publicaran juntos, en 1952, un libro que contenía las teorías de Jung en forma de ensayo titulado "Synchronicity as a Principle of Acasual Connections".

El carro del profeta Ezequiel.

"A la caza del arquetipo. Unidad de materia y psique".

Un ejemplo de sincronicidad profética.

Hay arquetipos que aparecen con menor frecuencia en la conciencia humana, pero que pueden ser considerados como cometas: parece que quieren dejar un mensaje más universal, y que quieren encaminar a la humanidad hacia un nivel superior de conocimiento.

Son arquetipos que constituyen acontecimientos sincrónicos de significación casi eterna, que no tienen principio ni fin pero que se perpetúan y se vuelven a proponer no tanto en la conciencia del individuo, cuanto en la conciencia histórica del mundo.

En el Evangelio de Marcos, Jesús señala que el hombre sabe reconocer la llegada de la primavera observando la higuera, y por eso nos invita a estar atentos a los signos de los tiempos también en las cosas espirituales.

Las experiencias personales de sincronicidad muestran que hay algunas señales de advertencia que nos ayudan a comprender el progreso de nuestra vida. Esto nos resulta fácil porque encontramos estos signos en contextos limitados en el tiempo, los asociamos a nuestra situación actual y así logramos darles un SENTIDO evidente, casi milagroso.

Hay otros signos que no podemos conectar directamente tanto porque no nos involucran emocionalmente, como porque están tan dispersos en el océano de los acontecimientos humanos que no despiertan la atención del individuo.

Creo que la investigación y el análisis de estos arquetipos, que generan sincronicidades proféticas para toda la humanidad, es un material de estudio útil para definir mejor un aspecto aún no definido de la teoría de la sincronicidad, el de su utilidad. ¿Existe realmente una razón fundamental, una coherencia, una "mente impulsora" positiva detrás de la sincronicidad?

El carro de fuego de Ezequiel.

El ejemplo que propongo es el de dos visiones o sueños que no pueden estar más lejanos en el tiempo. Sin embargo, guardan un parecido sorprendente, sin perjuicio de las esferas sociales y el bagaje cultural de los dos protagonistas. Ambos se basan en dos ruedas, colocadas una dentro de la otra, que giran en una dirección no concéntrica, unidas por un eje central imposible.

Ezequiel, profeta bíblico, cuenta la visión de un carro de fuego: (1, 16 ss.)

> “Las ruedas tenían la apariencia y estructura de piedra topacio y las cuatro tenían la misma forma, su apariencia y estructura era como una rueda en medio de otra rueda. Podían moverse en cuatro direcciones, sin necesidad de girar al moverse. Su circunferencia era muy grande y los círculos de los cuatro estaban llenos de ojos alrededor... el

espíritu del ser viviente estaba en las ruedas" (ver la figura de la izquierda).

El sueño de Wolfgang Pauli.

Pauli también habla de dos ruedas, dos discos giratorios concéntricos que tienen un aspecto más moderno, pero el mismo mecanismo, por lo que define la visión con el término de reloj. (figura derecha)

Además de la similitud mecánica, ¿qué tienen en común las dos visiones?

Ambos sugieren a sus protagonistas la necesidad de llevar (transmitir, diríamos) un mensaje que no sea solo para ellos.

Ezequiel ha tenido muchas visiones, pero la del carro es la primera, descrita en el capítulo 1 de su libro. Siguiendo la visión recibe una orden:

> "Él me dijo: Hijo de hombre, te envío a los hijos de Israel, a las naciones rebeldes... Tú les dirás: "Así habla el Señor Dios". Te escuchen o no, porque son una casa rebelde, sabrán que hay un profeta en medio de ellos. ...Tú, hijo de hombre, escucha lo que te digo; no seáis rebeldes como esta familia rebelde; abre la boca y come lo que te doy». Miré, y he aquí, una mano estaba extendida hacia mí, sosteniendo un rollo de libro; lo desenrolló frente a mí; estaba escrito por dentro y por fuera, y contenía lamentaciones, gemidos y ayes"."

Ezequiel debe tomar posesión del mensaje que recibe, incluso comiéndolo, para asimilarlo lo más profundamente posible.

El mensaje de Pauli.

Pauli confió en el cuidado de Jung en el momento del sueño del reloj. Comprende que el sueño contiene un mensaje que debe trasponerse a su investigación científica. Para Pauli las dos ruedas representan la psique y la materia, que necesitan ser unificadas en una teoría física científica; pero no podrá encontrar la solución unificadora. De hecho, la ciencia moderna rechaza cualquier referencia a la psique o al espíritu como lepra.

Massimo Teodorani dice esto en su libro "Sincronicidad":

> "Básicamente, Pauli, a pesar de no haber podido concretar su sueño de unificación entre la psique y la materia, había comprendido, sin embargo, que hay aspectos de la materia que sugieren que en la base de todo el armazón del universo hay una gran dimensión psíquica. Esto coincide en todos los aspectos con ese subconsciente colectivo que Jung había descubierto"

¿Quién sabe si hay, en la historia de la humanidad, otras evidencias del símbolo de las dos ruedas que se cruzan, para representar la unión aparentemente imposible entre la materia y la psique? Esta es una investigación en la que todos están invitados a participar, para reconstruir (si es posible) la agenda de acción de un acompañamiento coherente que realiza este arquetipo a favor de la humanidad.

Un barco cargado de... ha llegado

"Ha llegado un barco cargado de... COINCIDENCIAS. ¿Cuántas extrañas coincidencias has vivido?"

Sueñas con un amigo que hace años que no te ve porque vive en otra ciudad, y al día siguiente te lo encuentras por la calle. ¿Es esto sólo una coincidencia?

Le coincidenze secondo Carl Jung

Las extrañas coincidencias son experiencias tan comunes que nadie cree poder cuestionarlas. Carl Gustav Jung habla de ello ofreciendo un ejemplo:

> "Si me veo obligado a asegurarme de que mi billete de tranvía tiene el mismo número que el billete de teatro que compro inmediatamente después, y si durante la misma

noche recibo una llamada telefónica llamando a ese mismo número, una relación casual me parece muy poco probable. "

También hay coincidencias menos llamativas, que sin embargo nos sorprenden porque asumen para nosotros el sentido de una conexión casi imposible.

Se pueden citar innumerables ejemplos. Alguien "ve" mentalmente a un ser querido en apuros y luego se da cuenta de que algo desagradable realmente ha involucrado a esa persona. Alguien, a causa de una sensación desagradable, evita subirse al transporte público y luego descubre que ese vehículo estuvo involucrado en un accidente. Alguien más sueña con un amigo que hace años que no ve porque vive en otra ciudad, y al día siguiente lo encuentra en la calle.

Sigue así, seguro que tienes muchos capítulos más para añadir.

Pero la ciencia no lo cree.

La ciencia no cree en las coincidencias, cree que siempre y solo se trata de eventos que sucedieron por casualidad. De hecho, la ciencia actual, basada en el materialismo, cree que pase lo que pase, siempre debe ser consecuencia de otra cosa:

Me muevo comenzando desde el punto A, después de algunos pasos (es decir, un tiempo determinado) doblo la esquina y veo lo que hay en el punto B.

Es imposible que primero supiera lo que está en el punto B. Es necesario que la materia en mi cuerpo se mueva, y se necesita tiempo para permitir que se mueva. Solo después podré ver lo que hay en el punto B.

No es de esperar que, antes de que mi cuerpo se moviera, mi espíritu ya hubiera doblado la esquina y ya me hubiera informado sobre lo que hay en el punto B.

Las coincidencias también ponen en juego la psique.

Las coincidencias, del tipo que sean: presciencias, sueños, premoniciones, telepatía u otras, también ponen en juego el espíritu o la psique. Si consideramos que el universo no está hecho sólo de materia, sino de materia y psique que configuran nuestra realidad en conjunto, entonces muchos fenómenos, que serían inexplicables con los parámetros del materialismo, se vuelven muy explicables. La teoría que propone esta solución se llama "sincronicidad".

La ciencia del nuevo milenio.

Hoy la ciencia se siente incómoda ante las novedades de la física cuántica. Esta nueva ciencia presenta aspectos que escapan a la relación causa-tiempo-espacio propia de la ciencia materialista. Los experimentos muestran cómo las partículas muy distantes en el espacio interactúan entre sí simultáneamente. Aunque las partículas están separadas por inmensas distancias, se comportan como si fueran una sola, colocadas en el mismo lugar. Estas partículas no están unidas por ninguna conexión física, por lo tanto, solo la psique universal, que no conoce el espacio y el tiempo, puede mantenerlas juntas y causar este comportamiento.

Este es el fenómeno llamado "enredo".

La sincronicidad y el entrelazamiento son la base de una nueva ciencia, que unifica la materia y la psique. Es la ciencia que acompañará a la humanidad en un gran salto hacia niveles superiores de conocimiento.

El misterioso anagrama de Carl Jung.

"Anagrama de Carl Jung".

Los Siete Sermones a los Muertos son textos de inspiración mística y de origen gnóstico, publicados privadamente por Carl Gustav Jung en 1916. Después del séptimo sermón Jung inserta un anagrama, que aún permanece como un enigma sin resolver.

NAHTRIHECUNDE
GAHINNEVERAHTUNIN
ZEHGESSURKLACH
ZUNNUS

Un rompecabezas sin resolver.

Los Siete Sermones a los Muertos son textos de inspiración mística y de origen gnóstico, publicados de forma privada por Carl Gustav Jung en 1916, bajo el título completo: "Siete

Sermones a los Muertos", escritos por Basilides de Alejandría, la ciudad donde se encuentran Oriente y Occidente. . . "

Es la única parte de los manuscritos de Jung conocida como el Libro Rojo que se ha compartido públicamente (aunque solo como tributo a sus amigos) durante su vida.

Después del séptimo sermón, Jung inserta un anagrama, que todavía hoy sigue siendo un rompecabezas sin resolver. ¿Quieres intentar solucionarlo? Aquí está el texto:

NAHTRIHECUNDE
GAHINNEVERAHTUNIN
ZEHGESSURKLACH
ZUNNUS

Buen trabajo!

Desmontar el alma. Los extraños escarabajos que no convencen.

"Desmontar el alma. Los extraños escarabajos que no convencen".

¿Se puede desarmar un alma para entender lo que hay dentro? Por supuesto, por "alma" entendemos una personalidad, una interioridad, en fin, ese conjunto de sensaciones, vivencias, alegrías y dolores, recuerdos y esperanzas que nos pertenecen a cada uno de nosotros, digamos la psique.

Desmontar el juguete.

Me gustaría comenzar con una cita de Mefistófeles, en Fausto:

"Para describir una realidad viva, se procede ante todo a matarla y descuartizarla. Entonces tienes la mano llena

> de fragmentos inertes a los que solo les falta -lamentablemente- alguna referencia a la vida”.

El misterio de la vida nunca puede entenderse desmantelando un ser vivo. De hecho, a los materialistas les gustaría hacerlo, a imitación de un niño que desmonta el juguete para entender cómo funciona. Con el juguete se puede, porque el misterio radica banalmente en algún resorte de acero o algún engranaje en su interior. El misterio de la vida, en cambio, no es interior a la criatura: viene de fuera, de un lugar no local.

Del mismo modo, un alma no puede ser desmantelada para comprender lo que hay dentro. Por supuesto, por "alma" entendemos una personalidad, una interioridad, en fin, ese conjunto de sensaciones, vivencias, alegrías y dolores, recuerdos y esperanzas que nos pertenecen a cada uno de nosotros, digamos la psique.

La psicología intenta investigar el contenido de este pozo oscuro por varios métodos. En esencia, sin embargo, el procedimiento siempre podría ser el mismo: aislar (desmontar) cada emoción individual y ponerla bajo la lente del análisis clínico para comprender su contenido.

El método no puede funcionar. Para entender la razón, imaginemos el alma como una textura muy fina donde todas las partes se agitan, se superponen, unen o dividen. Transferimos esta condición a una imagen poética: un prado florido. Aquí, imaginemos el alma como una gran extensión hecha de briznas de hierba, flores, arbustos, granos de tierra, raíces, insectos y cualquier otra cosa que pueda ser parte de un césped.

Como es un alma inmaterial, todas las partes no tienen sustancia real, son tan pequeñas que son impalpables, invisibles a la vista.

Si queremos analizar las partes de este césped ideal, debemos proceder como lo haríamos en el laboratorio para examinar una partícula elemental.

Principio de incertidumbre de Heisenberg.

Veamos qué sucede en la física cuántica si quieres "medir" una partícula. En la realidad macroscópica (por ejemplo, cuando quieres "medir" una ameba) la pones en un portaobjetos, la espolvoreas con un agente de contraste y la iluminas fuertemente con la luz del aparato. El resultado que aparece es un corpúsculo coloreado con un color que no le pertenece, transparente con una transparencia que no le pertenece, pero sigue siendo una ameba. Teniendo en cuenta que existen distorsiones de los medios de investigación, sin embargo sabemos de qué se trata.

Sin embargo, si queremos examinar una partícula elemental, por ejemplo un fotón, entra en juego el principio de incertidumbre de Heisenberg. ¿Qué significa? Que el fotón es demasiado pequeño en comparación con la tosquedad de las herramientas de investigación. El fotón, que es un cuanto de luz, es "abrumado" por la luz del instrumento de observación mientras se observa. Es decir, el instrumento deforma el objeto que se quiere observar. Entonces ese fotón escapa a la posibilidad de ser controlado.

De hecho, sabemos que el fotón no es una "bolita" que se queda en un lugar determinado y se mueve a una velocidad determinada. No sabemos exactamente dónde está ese fotón. Digamos que está en una situación probabilística, es decir, puede estar aquí, o allá, o en otro lugar al mismo tiempo: es la ley de los "estados superpuestos". Cuando no lo observamos, el fotón se encuentra simultáneamente en una gran cantidad de estados posibles.

Cuando el experimentador decide observarlo, utiliza la violencia, por las razones antes descritas, entonces se dice que el fotón "colapsa" y cristaliza en una determinada posición. Pierde su estado probabilístico, por lo que se convierte en algo diferente.

Si puedo explicarme, cuando observamos un fotón o un electrón u otra partícula elemental, lo que muestran nuestros instrumentos no es exactamente esa partícula, sino otra cosa.

Tanto más si repetimos la medida, cada vez que la partícula colapsa en una de las posiciones probabilísticas que ocupaba anteriormente, por lo que si observamos la misma partícula varias veces, cada vez esta partícula se muestra como algo diferente a todas las observaciones anteriores.

Se dice que el observador determina la realidad.

El alma como una nube cuántica.

Ahora, traslademos el concepto de observación al alma. El alma, que hemos imaginado como un prado, se puede comparar con una gran nube cuántica, hecha de partículas que son absolutamente más pequeñas que los electrones o los fotones. Todas las partículas de esta nube son ondas que vibran en infinitas posiciones probabilísticas. Para "observar" estas particularidades es necesario hacerlas colapsar en posiciones bien definidas. Pero, ¿lo conseguiremos?

Si utilizamos los medios que la Creación ha puesto a nuestra disposición, sí. Nuestra imaginación, nuestra conciencia, probablemente nuestra voluntad, pueden interferir en la nube haciendo que las distintas partes se colapsen en las posiciones propias del "instrumento" de observación, sin que el instrumento deforme su naturaleza, porque el instrumento también es psíquico. Según el pensamiento de Jung, el instrumento es "consustancial" a la parte observada.

Pero si un observador externo (por ejemplo, un psicólogo) trata de aislar una parte del alma para observarla, esta influencia externa será tan grosera como para distorsionar por completo la esencia de lo que se observa. Esa parte colapsará inexorablemente en otra cosa.

Por ejemplo, una margarita podría mostrarse como un escarabajo. Entonces Sigmund Freud podría decir que ese escarabajo, (un pequeño monstruo fuera de lugar), es un deseo sexual reprimido, en homenaje a su teoría de que todo en el ser humano no es más que un apéndice de las principales herramientas sexuales. ¡Pero no era un escarabajo, en realidad era una margarita!

En cambio Carl Jung diría que ese escarabajo es símbolo de un renacimiento espiritual, en homenaje a la teoría de que los arquetipos heredados de los mitos más antiguos residen en el inconsciente.

Quizás a través de varias observaciones se observarían flores, insectos, criaturas extrañas, aromas y sabores, que serían solo "otras cosas" frente a la realidad, y al final se concluiría que el alma observada contiene una sopa hecha de este improbable" otras cosas".

¡Qué lejana la realidad!

Parafraseando a Mefistófeles, podemos decir que todo intento de investigar el alma "produce un puñado de fragmentos inertes a los que, desgraciadamente, sólo le falta -por desgracia- toda referencia al alma".

Paradojas cuánticas. Todas las conciencias en juego.

"Amigo de Wigner. En otras palabras: la paradoja del doble observador".

Como ya he comentado en otros artículos, el experimento de la doble rendija pone de relieve el comportamiento desconcertante de una partícula y lleva a la consecuencia de que ciertos comportamientos de la materia no dependen de leyes definidas o de causalidad, sino de la voluntad de quien observa ese fenómeno. Se dice que el observador determina el comportamiento de la materia.

Resumiré brevemente el experimento de la doble rendija.

Se coloca una barrera con dos ranuras. Detrás de la barrera hay una pantalla sensible, que se golpea si "algo" pasa a través de las grietas. En este caso enviaremos fotones de luz a través de la barrera y la pantalla sensible estará compuesta por una película fotográfica. Cuando el fotón atraviesa la barrera impacta con la película y deja un rastro.

El experimento tenía como objetivo comprender si un fotón era comparable a una "bola" o si se propagaba como una onda, expandiéndose en el espacio a medida que se alejaba del punto de partida.

Si el fotón hubiera sido un corpúsculo, habría atravesado una u otra rendija y habría dejado una marca en la película similar a la de una bala disparada con un arma.

Si, por el contrario, el fotón hubiera tenido forma de onda, se habría expandido en el espacio y habría atravesado ambas rendijas, generando una nueva forma de onda detrás del estrechamiento de cada rendija. Las formas de onda más allá de la barrera se habrían recompuesto, es decir, se habrían interferido entre sí. En la pantalla no habría aparecido la marca afilada de una bala, sino el dibujo de la suma de las dos ondas que interfieren.

De hecho, se notó que aparecían interferencias, por lo que se concluyó que el fotón no era "una bolita", sino "una onda".

Sin embargo, si el experimentador deja abierta solo una rendija, el fotón imprime en la pantalla la marca nítida típica de una pequeña bola.

Así, un solo fotón empujado a través de una rendija se comportaba como una partícula. Si, por el contrario, hubiera sido empujado hacia dos rendijas abiertas, las habría cruzado a ambas, comportándose como una ola.

Un comportamiento aún más extraño ocurrió cuando los experimentadores decidieron insertar un detector detrás de una de las dos rendijas, para entender si el fotón realmente cruza ambas rendijas o solo la monitoreada. Aquí están los resultados:

Manteniendo ambas rendijas abiertas, sucede que:

a- No hay detector: el fotón se comporta como una onda y pasa por ambas rendijas.

b - Hay un detector detrás de una rendija: el fotón se comporta como una partícula y atraviesa SOLO la rendija en la que está presente el detector.

Se dice que en presencia del instrumento la partícula "colapsa" en una posición específica: pierde la característica de onda indeterminada y adquiere la específica de una partícula.

Eso es:

Si no hay detector, el fotón puede estar en cualquier punto de la onda, es decir, su posición no es determinable, es probabilística. Podría estar en cualquier parte de la ola.

Si hay un detector, el fotón "colapsa" en una posición específica, se comporta como una partícula y cruza la rendija monitoreada.

Deberíamos pensar que el fotón es inteligente pero sobre todo sabe predecir el futuro: de hecho, cuando se lanza NO SABE si encontrará un detector y en qué rendija lo encontrará, pero ya desde el start asume la apariencia de una partícula u onda para enfrentar la situación.

Todo esto es desconcertante, pero otro aspecto es aún más desconcertante:

El experimentador puede decidir si colocar el detector detrás de la rendija A o detrás de la B, y el fotón, POR OBEDIENCIA DEL EXPERIMENTADOR, se convierte en partícula y atraviesa la rendija decidida por él.

De este experimento se deriva la certeza de que el observador determina el comportamiento de la materia observada. Es decir, el observador PUEDE determinar el comportamiento de la materia.

La conciencia entra en juego.

Suele decirse que nuestras elecciones dependen de nuestra voluntad, o de nuestra conciencia, o de nuestro libre albedrío, según los diferentes enfoques culturales de los que no hablo aquí.

En cualquier caso, somos conscientes de las elecciones que hacemos, por lo que aquí estamos hablando de elección de conciencia. En el mencionado experimento, la conciencia del observador, en base a sus parámetros personales, puede decidir qué comportamiento debe asumir una determinada partícula.

La conciencia hará esto observando la partícula, lo que en el experimento ocurre disponiendo un instrumento de observación. El instrumento es solo un apéndice de la conciencia del observador, por lo que puede ser ignorado considerando solo la relación: conciencia del observador - partícula.

Pero admitamos por un momento que DOS observadores a los que llamamos María y Gianni, es decir, dos conciencias distintas, observan el mismo fotón. ¿Quién habrá determinado el colapso del fotón, la conciencia de María o la de Gianni?

Esta paradoja se llama "paradoja del amigo de Wigner" en homenaje a Eugene Wigner, un científico húngaro nacido en Budapest el 17 de noviembre de 1902.

Las tres guías del camino cuántico. Alma, espíritu, conciencia.

"Las tres guías del camino cuántico. Alma, espíritu, conciencia".

En la no localidad, todos los fenómenos considerados imposibles por la física clásica se vuelven posibles, incluso ordinarios. La profecía y la predicción del futuro son asuntos ordinarios porque no hay una dimensión de tiempo. El libro de la eternidad está abierto de par en par en la misma página.

Tres dimensiones (¿o una?)

Vivimos inmersos en tres dimensiones distintas pero indistinguibles. La realidad física nos encadena, como les sucede a los prisioneros de la caverna de Platón. La realidad cuántica es una luz que brilla fuera de la boca de la cueva: nos deslumbra, no la entendemos, pero sabemos que existe. El Sol que genera la luz allá afuera no es ni visible ni imaginable. No tenemos ojos para verlo pero estamos seguros de que los hay, si no, ¿de dónde saldría tanta luz?

El Sol es la última realidad metafísica. Emprendemos el viaje desde el fondo de la cueva hasta los hornos del Sol donde seremos forjados para la eternidad. Como en la Divina Comedia de Dante, nuestros guías no podrán traspasar los límites entre una realidad y otra. El alma, nuevo Virgilio, nos guiará hacia la salida de la cueva. El espíritu, amable Beatriz, nos conducirá a la luz. La conciencia, improbable San Bernardo, nos abrirá las puertas de la morada intemporal, el Sol.

Pero quizás las tres características esconden una entidad singular. Quizás la guía sea la misma, aunque con formas diferentes. Sospechamos que esta entidad asumirá distintas funcionalidades, hasta que, al final del viaje, desentraña su misterio. Nuestro último guía se convertirá él mismo en una parte del Sol hacia el cual se fusionará nuevamente, arrastrándonos también a nosotros. No seremos presas desprevenidas, seremos como peregrinos que han llegado a la meta del refrigerio eterno. Solo entonces comprenderemos que nuestra guía única y multifacética, lo que estimamos que era "nuestra" conciencia, no era nuestra en absoluto. Eran los brazos del mismo Sol, extendiéndose hacia nosotros desde la eternidad.

Viaje a la física materialista (mundo macroscópico)

El mundo de la materia, por convención, está representado y entendido en las leyes de la llamada física newtoniana. Al mismo tiempo, según la concepción antigua, está representado por la dualidad metafísica cuerpo-alma.

La física newtoniana se expresa en la materia, el alma se expresa más allá de la fisicalidad de la materia: está íntimamente ligada a nuestra comprensión física del mundo y es la extensión que nos permite expresar nuestras capacidades. Estas habilidades son los "poderes" conectados a los cinco sentidos ya todos los actos corporales. Incluso el sexto sentido, la intuición, es un poder del alma porque se expresa a través de las experiencias adquiridas en la vida social: la intuición, por ejemplo, nos ayuda a tomar las mejores decisiones cada vez que se repiten situaciones particulares: la intuición nos ayuda a salir adelante, en todo caso, con el menor daño posible.

Para mayor claridad, hagamos una breve lista de las características esenciales de la física clásica. (También se le llama "física newtoniana" ya que el "corpus" principal de sus leyes fue elaborado por Isaac Newton).

LOCALISMO. El universo está formado por "cosas", es decir, objetos materiales. Cada "cosa" se puede colocar en dimensiones espaciales exactamente medibles (alto, largo, ancho, peso, distancia, etc.) y en dimensiones temporales igualmente medibles (antes, después, velocidad, comienzo, final).

LA FLECHA DEL TIEMPO. La dimensión temporal está ligada a la llamada "flecha del tiempo". El tiempo siempre avanza, del pasado al futuro, y es posible ubicar cada "cosa" en un punto exacto a lo largo de una escala cronológica. La ley de la progresión del tiempo se llama "entropía" y se puede representar con el ejemplo clásico de la pasta de dientes que no se puede volver a poner en el tubo. Todo, a lo largo de la flecha del tiempo, avanza hacia el desorden y la decadencia.

LA VELOCIDAD DE LA LUZ. Concepto introducido por Einstein. Nada puede moverse más rápido que la velocidad de la luz. (alrededor de 300.000 km por segundo).

DETERMINISMO O CAUSALIDAD. El universo es un mecanismo originalmente puesto en marcha (no sabemos cómo) donde cada evento determina una causa. Si el movimiento perpetuo no fuera imposible, podríamos decir que el universo es un gran movimiento perpetuo. Cada evento consiste en el desplazamiento de una "cosa" o materia. Este desplazamiento provoca una transferencia de energía del objeto en movimiento a los objetos con los que choca, en el peor de los casos, el aire.

Imaginemos una mesa de billar. Una causa determina el desplazamiento de una bola. La velocidad, dirección y fuerza de la bola dependen del empuje recibido. El empuje transfiere una cantidad de energía a la pelota: la pelota consume esta energía al moverse. Si golpea otra bola, esta a su vez se carga de energía y la transfiere a otra. Todo el universo, desde las galaxias hasta los átomos, está formado por "bolas" que se mueven chocando o atrayéndose y repeliéndose entre sí gracias a fuerzas como la gravedad.

Por tanto, según el determinismo, el funcionamiento del universo es absolutamente predecible y calculable, y de hecho lo hacemos. Cuando enviamos un satélite al espacio sabemos exactamente cuál será su trayectoria y dónde estará en x número de años, días, horas y minutos. Este gran mecanismo funciona perfectamente sin necesidad de Dios, como le dijo el astrónomo Laplace a Napoleón.

En este contexto, nuestro Virgilio, el alma, es bastante predecible porque puede moverse con confianza. Un buen psicoanalista puede al menos leer la superficie de nuestra alma, porque puede ubicarnos en un contexto de vida bastante preciso. A veces, nuestras elecciones de vida "deben" ser exactamente lo que hacemos. Un poco como que sabemos lo que hará nuestro perro cuando le tiremos una rama o una galleta.

Viaje a la física cuántica (mundo subatómico)

Los descubrimientos del siglo pasado, apoyados en experimentos que los hacen indubitables, nos introducen en la realidad de lo minúsculo, que produce el derrumbe de un castillo infinito de certezas. La física cuántica se aplica a realidades que son más pequeñas que el tamaño de un átomo. Así, protones, neutrones y electrones, pero también un inmenso zoo de partículas con los nombres más extraños, que se siguen descubriendo.

INDETERMINACIÓN. La física newtoniana sostiene que el universo está formado por "cosas", la física cuántica refuta este concepto. Los objetos cuánticos no son "cosas" muy pequeñas, del tipo de pequeñas bolas que giran alrededor de bolas un poco más grandes, como suelen representarse. De hecho, los objetos cuánticos pueden ser "bolas" (partículas) u ondas. Suelen ser ondas. Una onda es un "rango de posiciones" dispersas en el espacio, la partícula, o bola, puede estar en cualquiera de las posiciones posibles en la onda probabilística. Digamos que el "punto" tiene muchas probabilidades de estar en una posición, pero al mismo tiempo tiene muchas otras probabilidades de estar en una posición diferente.

Cuando no lo observamos, el punto no está en ninguna posición sino que está simultáneamente en todas las posiciones posibles. Has acertado: la pelota puede estar "simultáneamente" en un número muy grande de posiciones. Si te gusta, puedes decir que tiene el don de la ubicuidad. Sin embargo, si decide forzar la situación y observar la función de onda con un instrumento adecuado, entonces todos los puntos se vuelven uno y quedan fijos en la posición que está observando. Pero si apartas la mirada por un momento y vuelves a hacer la medición, ya no encuentras la partícula donde colapsó la primera vez, sino en una posición diferente.

Significa que mientras pensabas que habías hecho que la partícula "colapsara" en el punto de observación, siguió moviéndose en la onda de probabilidad.

Por tanto, es necesario desmentir un mito: el átomo no es un pequeño sistema solar, sino una maraña formada por una "nada" vibrante. La partícula es muy oportunista: puede aparecer como "materia" en ciertas situaciones, pero normalmente parece más una "acumulación de energía".

LOCALISMO La incertidumbre (principio de Heisenberg) desmantela por completo las certezas del localismo. Ya no es posible calcular todos los valores de un objeto de forma exacta y simultánea, por lo que ya no hay certeza en su comportamiento.

EL EXPERIMENTO DEL ASPECTO DE ALAIN. En la década de 1980, un científico francés, Alain Aspect, demostró la existencia de un fenómeno absolutamente increíble, el entrelazamiento cuántico. De hecho, el experimento demuestra el entrelazamiento que se crea entre dos partículas bajo ciertas condiciones. Las primeras versiones del experimento aislaron dos fotones de luz, obteniéndolos del doble salto cuántico de un electrón. Siendo generados por el mismo evento, los dos fotones eran complementarios, según una característica llamada espín. De una manera muy tosca, para que nos entiendan, digamos que uno gira a la derecha, el otro gira a la izquierda.

Al mover los dos fotones a cualquier distancia, sucede que si uno de los dos invierte la rotación, el otro lo hace al mismo tiempo. Atención, dijimos "simultáneamente", no uno como consecuencia del otro. Es decir, si aquí, en un laboratorio, un experimentador invierte la rotación del primer fotón, al mismo tiempo el otro fotón, incluso en el borde de la galaxia, invierte su rotación.

Esto contradice y rompe varias leyes de la física clásica.

DETERMINISMO O CAUSALIDAD. El segundo fotón no invierte su rotación DESPUÉS de que el primero la haya invertido, sino exactamente al mismo tiempo. No se trata de acción y reacción, sino de un acontecimiento absolutamente sincrónico. Este evento declara que el determinismo, o causalidad, no es aplicable a todo el universo.

LA FLECHA DEL TIEMPO. Sabemos que en la física clásica todas las fuerzas se debilitan con la distancia. Por ejemplo, la fuerza de la gravedad, que es lo suficientemente potente como para mantener a la Luna alrededor de la tierra pero casi totalmente ineficaz con respecto a los satélites de un posible planeta de otra galaxia. Sin embargo, cualquiera que sea la distancia a la que se encuentre el segundo fotón, la "señal" de la inminente inversión del primero lo envuelve sin debilitamiento alguno. Además, esta “información”, al ser contemporánea, ciertamente viaja más rápido que la luz. Los dos eventos no se ubican en dos puntos distintos a lo largo de la flecha del tiempo, ya que son simultáneos.

LOCALISMO. ¿Cómo se transfiere la información entre los dos fotones de manera contemporánea? Dado que los fotones están separados en el espacio, la información debe exceder ese espacio para conectarse entre sí. ¿Qué tipo de espacio es? Ciertamente no es un espacio físico, de lo contrario las leyes de la física impedirían la instantaneidad. La ciencia oficial, con mucho dolor, ha tenido que admitir la existencia de un espacio no físico. Este espacio se llama "no localidad". Pero si no es un espacio físico, ¿qué podría ser sino un espacio psíquico? De hecho, sólo un espacio psíquico no está sujeto a las leyes de la física clásica.

Aquí, Beatrice nos guió hacia la realidad cuántica: con malicia, un poco mostrándose y un poco escondiéndose, nos sedujo para que la siguiéramos en este misterio del que solo entendemos que muchas cosas son incomprensibles. En el umbral de la no localidad, Beatrice nos ha entregado a la guía más alta, la de la dimensión no local. Incluso nuestro espíritu, que también está acostumbrado a viajar en la realidad inescrutable, se detiene aquí. En efecto, las potencias del espíritu son la inteligencia y la voluntad, pero éstas no bastan para investigar lo que no se puede investigar..

Viaje a la no localidad (mundo metafísico)

No hay mucho que decir sobre esta realidad. Es una realidad que no podemos comprender ni con el alma ni con el espíritu.

Aquí no hay tiempo ni espacio, no hay antes ni después: todo es "ahora", pero al mismo tiempo es "siempre" y "nunca".

No existen aquí y allá, alto y bajo: todo está "presente" y al mismo tiempo "ausente".

En la no localidad, todos los fenómenos considerados imposibles por la física clásica se vuelven posibles, de hecho, ordinarios. La profecía y la predicción del futuro son asuntos ordinarios porque no hay tiempo. El libro de la eternidad está abierto de par en par en la misma página.

En la no localidad, la telepatía, las premoniciones y todos los fenómenos normalmente llamados paranormales se vuelven normales, de hecho, ordinarios.

Si el ser humano entendiera los misterios de la no localidad, probablemente estaría cerca de la divinidad. Alguien lo promete:

> “Ahora vemos como en un espejo, de manera confusa; pero luego nos veremos cara a cara. Ahora conozco imperfectamente, pero entonces conoceré perfectamente, como también yo soy conocido” (Biblia, 1 Cor.).

Necesitamos una guía superior, la guía definitiva, lo que llamamos conciencia. La conciencia es algo cuyo nombre conocemos pero no conocemos su función exacta, es más, ni siquiera conocemos su función aproximada.

Quizás la conciencia, como se mencionó, es algo totalmente externo a nosotros. Quizá la conciencia ni siquiera sea "nuestra". Quizá la conciencia no sea más que el rayo dirigido hacia nosotros de una inmensa rueda completamente "otra" a nosotros, un "conocimiento global" del que sería una locura apropiarse.

La conciencia como base del ser.

"La conciencia como base del ser. El problema del observador".

¿Qué observador determina la realidad?

Desde el punto de vista de la física clásica, el universo está formado por objetos materiales.

En cambio, en la visión cuántica, la materia ya no se considera como un "objeto sólido", sea cual sea la "cosa" que sea.

La física cuántica calcula cuáles son los posibles eventos que afectarán a una partícula, por ejemplo un electrón. Por evento entendemos su posición, su velocidad, etc. También puede calcular cuáles son las probabilidades de que suceda un evento, pero aquí tiene que detenerse. No puede predecir con certeza cómo se hará efectivo el evento. Como he ilustrado en muchas publicaciones anteriores, el evento necesariamente sigue una observación. Sin embargo, con cada nueva observación el evento será diferente. Por lo tanto, en la física cuántica no hay certeza, solo probabilidad.

Como es sabido, la observación (medida) crea el "colapso" de la función de onda que representa a la partícula. Después del colapso, el electrón deja de ser una onda vibrante, donde todas las posiciones son probables y existen simultáneamente, gracias al principio de superposición. La observación condensa todas las posiciones posibles en una, y el electrón "colapsa" en forma de partícula en esa posición. Recuérdese que era necesaria la intervención de un observador, de lo contrario no se habría producido el colapso y el electrón no habría existido como partícula sino sólo como probabilidad.

(Por cierto, estas no son especulaciones filosóficas sino realidades científicamente determinadas)

También recuerdo que el universo está formado por partículas. Todas las partículas necesitan ser observadas para existir como materia, por lo tanto, todo el universo necesita un observador.

Esta realidad es propia del nivel subatómico. Por lo tanto, la suposición de que:

"Entonces, ¿cuando no observas (miras) la Luna no existe?"

tan pregonada por los denigrantes de la física cuántica, es simplista e inapropiada, porque traslada una realidad relativa a lo infinitamente pequeño del nivel subatómico al nivel macroscópico.

Del mismo modo, se podría cuestionar la relatividad, según la cual quien viaja más rápido envejece menos, proponiendo el ejemplo de un hombre a pie y otro en bicicleta. La pregunta seria:

¿Cómo es más joven el de la bicicleta al final del curso?

Eso sí, la velocidad a utilizar es la de la luz, no la de una bicicleta. Einstein le daba la espalda y se alejaba llevándose las manos al pelo.

¿Quién es el observador?

Una vez establecido sin lugar a dudas que es la observación la que crea el colapso cuántico, surge la pregunta: en el laboratorio, el observador es sin duda el científico que realiza el experimento. Pero en la naturaleza, en el mundo, en la intimidad del funcionamiento de las cosas, ¿quién es el observador? ¿Quién es capaz de colapsar la función de onda de una partícula para que un vago conjunto de probabilidades se convierta en un evento real y medible, es decir, una partícula ubicada en el tiempo y el espacio actual?

La respuesta es simple y basada en un hecho. El agente que transforma la posibilidad en realidad es la conciencia. Es innegable que cada vez que observamos un objeto vemos su única disposición actual: manzana, silla, hoja de papel. Ciertamente no vemos todo el espectro de probabilidades existentes en su función de onda.

De ello se deduce que la observación consciente es suficiente para determinar el colapso de la función de onda probabilística en la realidad percibida por los sentidos.

La confirmación de un famoso científico.

John Von Neumann es considerado uno de los más grandes matemáticos de la historia moderna y una de las personalidades científicas preeminentes del siglo XX. Es responsable de contribuciones fundamentales en numerosos campos del conocimiento como la teoría de conjuntos, el análisis funcional, la física cuántica, la economía, la informática, la teoría de juegos y muchas otras áreas de las matemáticas.

Ahora bien, como se sabe, si bien el concepto del colapso de la función de onda fue introducido por Werner Heisenberg como parte de su "principio de incertidumbre", la formulación matemática del colapso se debe a John von Neumann. (ver Paffuti Giampiero, Notas sobre el nacimiento de la mecánica cuántica, Pisa University Press, 2013).

Von Neumann argumentó hace décadas que la conciencia es una "condición necesaria" para el colapso cuántico.

Su razonamiento es elemental. Toda la materia está sujeta a las reglas de la física cuántica. Es cierto que podemos crear un colapso cuántico en el laboratorio, pero cuando lo hacemos, el instrumento utilizado para la medición se convierte en parte de una onda de probabilidad mayor, que incluye el objeto medido y el instrumento de medición. Por tanto, para generar el colapso es necesario un observador absolutamente externo al sistema. Para Von Neuman, este observador externo solo puede ser "conciencia", porque solo la conciencia es verdaderamente externa. De hecho, todo el universo material es un solo gran sistema.

Las disputas inevitables.

Por supuesto, a pesar de la evidencia y credibilidad del personaje, la ciencia materialista planteó inmediatamente sus objeciones. En el mundo occidental, desde la Ilustración en adelante, el significado de la conciencia siempre ha sido reducido y mortificado. Según los materialistas, no es posible que la conciencia colapse la realidad, ya que la conciencia no es de ninguna manera externa al sistema. Según ellos, la conciencia no es más que un epifenómeno del cerebro, es decir, de la materia. En esencia, la conciencia sería una creación espuria de la química del cerebro, una ilusión, por lo que nunca podría ser "externa al sistema".

Sin embargo, el pensamiento de los maestros espirituales de todos los tiempos y de todo el mundo tiene una visión absolutamente más digna de la conciencia. La conciencia es la base del ser, consiste en una realidad trascendente y autorreferencial.

Una nueva vista.

La conciencia considerada como base del ser desplaza "el centro del universo" de la visión materialista a una visión espiritual. Cuando la primacía pertenece a la conciencia en lugar de a la materia, la materia conserva su capacidad para determinar la posibilidad y la probabilidad, pero en última instancia es la conciencia la que crea la realidad. De hecho, la conciencia impregna la realidad con su diseño creativo que la materia ni siquiera sueña con poseer.

Un enfoque basado en la primacía de la conciencia reconciliaría la ciencia con todas las tradiciones espirituales, sería un enfoque que incluyera tanto las razones de la materia como las del espíritu.

El Ego y el Yo cuántico.

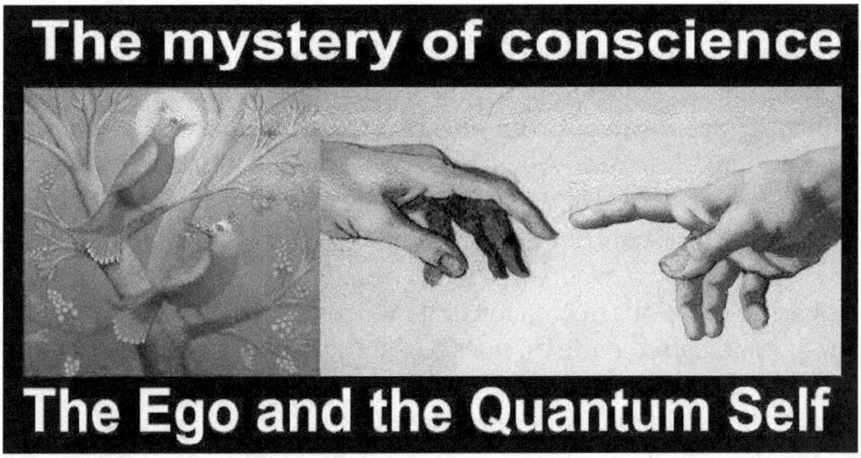

"El misterio de la conciencia. El Ego y el Yo cuántico".

Los Upanishads (textos religiosos y filosóficos indios) contienen una metáfora que describe nuestra naturaleza humana dual. El texto hace referencia a dos pájaros con el mismo nombre, siempre unidos en la misma rama del mismo árbol. Sin embargo, mientras uno picotea frutas dulces y amargas, el otro mira a su alrededor sin comer. El pájaro que come frutos dulces y amargos representa al Ego. Se percibe a sí mismo como una individualidad, una parte separada en un mundo fragmentado, y su fuerza radica en esta separación. El otro, en cambio, es el Atman o Espíritu universal, el principio de unidad que está dentro de nosotros, lo llamaremos el Yo cuántico.

Nosotros, a nuestro entender, nos identificamos distinguiendo dos "momentos". Primero, sentimos más afinidad con nuestra parte más interna, el yo cuántico. En segundo lugar, nos identificamos con el Ego, protagonista de elecciones limitadas y de nuestra historia personal.

Los poderes del Ego se pueden definir como el Continuo, el Determinado, el Lineal, el Local, el Personal, la Lógica Clásica, el Razonamiento.

Los poderes del yo cuántico se pueden definir como Creatividad, Discontinuo, Sincrónico, Holístico, No local.

Esta naturaleza dual afecta profundamente la forma en que la espiritualidad se manifiesta en nosotros y en nuestro camino de crecimiento interior. Abraham Maslow y Roberto Assagioli, expertos en psicología experimental, desarrollaron el concepto de un "yo transpersonal" que existiría oculto bajo el "ego conductual".

El término "transpersonal" fue utilizado por primera vez por Roberto Assagioli, el creador de la psicosíntesis, y luego por Carl Jung, e indica esa parte de nuestra psique que se extiende más allá de nuestra personalidad individual.

Así, la psicología transpersonal consiste en un enfoque que se ocupa del estudio y cultivo de la espiritualidad y las experiencias espirituales en un contexto psicológico.

En el fondo de nuestras elecciones y acciones habría una parte de nosotros mismos que no se origina en nosotros mismos y de la que no somos dueños.

A pesar de esto, el Ego y el yo cuántico no son una realidad dualista, como podrían ser dos pájaros separados. Los dos pájaros están en la misma rama: uno completa al otro, unos comiendo y otros contemplando el mundo. De hecho son dos aspectos de una misma conciencia, es decir, dos formas en que la conciencia nos permite identificarnos.

En la identificación de nuestra conciencia con el yo cuántico encontramos creatividad, libertad de elección, unidad y alegría, relaciones uno a uno y amor.

En cambio, en la identificación de nuestra conciencia con el Ego, dominan la separación y la angustia, las jaulas dogmáticas y los compromisos forzados, el egoísmo.

Dos identificaciones necesarias.

La necesidad de las dos identificaciones se hace evidente si consideramos que el yo cuántico no tiene raíces "sólidas" en las que apoyarse, ni "brazos" para dar cuerpo a sus poderes. El yo cuántico está desprovisto de puntos fijos y necesita encontrarlos para poder expresarse.

Sólo puede encontrarlos en el Ego. El Ego es fundamental para hacer manifiesta la inspiración creativa, realizarla y mejorarla con el razonamiento. Cada realización consolida la base para que cada inspiración creativa subsiguiente del Ser cuántico pueda transformarse en progreso de "civilización", incluso si a menudo el progreso no tiene contenido civil. Véase, por ejemplo, el diseño de nuevas armas.

En este sentido, es posible considerar el Edén, la etapa primitiva de la humanidad. Adán y Eva vivieron felices en total unidad de identificación entre el Ego y el Ser cuántico, pero no eran lo suficientemente humanos. Un bocado de la manzana recogida del árbol del conocimiento del bien y del mal fue el origen de todo. El Ser cuántico y el Ego pudieron "saber", se dieron cuenta de su separación. Sus distintas funciones ponen en marcha el mecanismo del camino de la civilización, hecho de partes dolorosas y pan ganado con el sudor de la frente.

Cada religión interpreta este comienzo de manera diferente.

El cristianismo ve el "pecado original" en la historia del Edén. Desde este punto de vista, el camino espiritual se realiza recordando dolorosamente el estado primitivo de unidad en Dios, o en una conciencia indivisa. A esto le sigue el arrepentimiento activo y, finalmente, el regreso a la perfección en el nuevo Paraíso. Por qué

"... cuando Jesús regrese, seremos como él, porque lo veremos como realmente es". (Biblia, 1 Jn 3)

En cambio, en el hinduismo la naturaleza progresiva de la separación se expresa en el concepto de los cuatro "yugas", o eras. El progreso de la civilización y la tecnología se desarrolla entre el "datya yuga" y el "kali yuga".

Separación por doquier.

La civilización es un paradigma efectivo de separatividad, con diferencias evidentes entre los diferentes métodos de realización del progreso, entre quienes lo producen y quienes lo disfrutan.

Incluso la ciencia y la religión están más separadas que nunca por los nuevos conceptos de "sagrado y profano", mientras que todo debería ser sagrado. Cuando comenzamos un viaje espiritual de "unidad", inicialmente nos asalta un sentimiento de miedo. Tenemos miedo de tener que renunciar a algo, pero no sabemos realmente a qué, ya que nada falta en la unidad.

En el cristianismo, el mundo sensible en el que vivimos se define como el gobierno del Príncipe del mundo. El budismo también describe el mundo como una situación incómoda o "dakka". Todas las tradiciones espirituales, como base, parten de un prejuicio negativo hacia "el mundo".

Debe considerarse con mayor fuerza que la separatividad que llevamos dentro, las diferentes funciones del Ego y del Yo cuántico, son funcionales a la experiencia y son indispensables en el desarrollo de los propósitos divinos, implícitos en nuestra misma existencia.

La ciencia moderna exacerba el problema al perseguir el objetivo de una separación "meritocrática" y, por lo tanto, basada en la individualidad, la más terrible de las separaciones. El materialismo egoísta tiene sentido desde este punto de vista. Por supuesto, la ciencia materialista olvida que la creatividad no es un producto de la inteligencia, sino una prerrogativa exclusiva del yo cuántico.

También según los defensores del materialismo, cualquier cosa que no tenga masa es un subproducto no deseado de la materia física.

La conciencia, el pensamiento, los sentimientos, el amor o la piedad son manifestaciones accesorias, "espurias" de la materia, y su presencia o ausencia no afecta la explicación de los fenómenos reales. Los fenómenos solo pueden existir si están físicamente relacionados con la materia misma. La espiritualidad y todos los procesos mentales son productos de desecho de los procesos químicos que tienen lugar en la materia cerebral. La verdadera diosa del universo son las matemáticas.

La incompletud de Godel.

Tanta seguridad científica es inmediatamente cuestionada por la propia ciencia. Kurt Friedrich Gödel fue un matemático, lógico y filósofo estadounidense naturalizado austríaco, mejor conocido por sus trabajos sobre la incompletitud de las teorías matemáticas.

El teorema que lleva su nombre básicamente dice una cosa. Cualquier sistema algorítmico utilizado para probar un principio matemático es incompleto o contradictorio, ya que inexorablemente contendrá una parte que no se puede probar.

Esto ocurre cuando el algoritmo está suficientemente elaborado.

Las leyes físicas también son matemáticas. Por lo tanto, se basan en algoritmos matemáticos que inevitablemente contienen una parte que no se puede demostrar lógicamente, pero que sin embargo funciona.

Esto significa que cuando un matemático diseña un algoritmo, en algún momento tiene que salirse del sistema lógico para capturar una verdad matemática que trasciende la lógica y la demostración.

Esta verdad ya existe, pero no puede quedar "atrapada" en la fórmula. La realidad es percibida y utilizada instintivamente sin poder hacerla "sistemática".

Por lo tanto, si las leyes de la física guían el comportamiento de la materia, se debe reconocer que contienen elementos existentes a priori, que trascienden el mundo material.

Esta idea se denomina "platonismo matemático" ya que Platón ya había intuido que el comportamiento del mundo material está sujeto a símbolos matemáticos que no pertenecen al procedimiento lógico sino al mundo arquetípico.

Integración entre ciencia y espiritualidad.

Esto solo puede suceder en el contexto de la comprensión de que la ciencia y la espiritualidad por sí solas no son efectivas. Ninguno es completo, porque ninguno, por sí solo, permite el desarrollo de la creatividad.

La creatividad consta de cuatro fases principales:

- preparación (investigación de necesidades y "almacenamiento" de lo ya conocido);
- incubación (procesamiento inconsciente de todas las posibilidades o probabilidades);
- intuición (una experiencia discontinua, el "eureka" de Arquímedes, el "colapso" cuántico)
- el acontecimiento (hoy diríamos la industrialización de un producto).

La primera y última fase son procesos basados esencialmente en el Ego. Por el contrario, las fases segunda y tercera solo pueden surgir del Ser cuántico.

La incubación, como procesamiento inconsciente de una necesidad, produce una onda formada por infinitas superposiciones de probabilidades, es decir, de posibles soluciones.

La intuición creadora es el ojo del observador que identifica la más adecuada de todas las probabilidades y hace caer sobre ella el colapso cuántico: esta es la única posibilidad que sobrevive, adquiere "cuerpo" y te permite pasar a la siguiente fase.

La creatividad, por tanto, es el encuentro fecundo entre el Ego y el Yo cuántico. Este encuentro puede representarse plásticamente con la imagen de los dedos de Dios y Adán extendiéndose entre ellos en el fresco de Miguel Ángel en la Capilla Sixtina.

El desarrollo de la creatividad, por tanto, es la consecución del fin último de la condición humana, la perfecta reunificación del Ego y el Ser en un "nuevo Edén", es decir, el retorno de nuestra conciencia individual a la "conciencia cósmica". . Finalmente, después de mucho hablar, podemos salir de las disquisiciones técnicas admitiendo que, después de todo, "Ego" y "Quantum Self", en este contexto, pueden equipararse con los conceptos más familiares de alma y espíritu.

El arcángel Rafael y el pez.

"Cuando una extraña coincidencia se convierte en sincronicidad. La estatuilla voladora".

Jung tuvo el mérito de ser el primero en estudiar, científicamente, el fenómeno de las extrañas coincidencias cuya existencia nadie puede negar, brindando además herramientas adecuadas para comprender cuándo una coincidencia puede ser considerada significativa, o "numinosa", convirtiéndose así en una sincronicidad. . Por supuesto, es necesario distinguir entre coincidencias aleatorias y coincidencias sincrónicas. Podemos establecer que algunas coincidencias son parte de la vida cotidiana y se derivan de la superposición y entrelazamiento de nuestras actividades con las del mundo que nos rodea: su característica es que las damos por supuestas y no nos involucran ni interesan tanto.

Estos últimos, en cambio, abren una enorme ventana al paisaje del misterio y nos introducen en mundos que ni siquiera hubiéramos sospechado que existían. Detrás de cada sincronicidad hay universos enteros desconocidos para explorar y una inmensa sabiduría a la que acceder. Desgraciadamente, no tenemos ojos adecuados para descifrar estos panoramas ni conocemos el lenguaje a través del cual las sincronicidades intentan comunicarse con nosotros. Hay problemas de armonía entre nuestra mente y la mente que nos prepara sincronicidades.

Una pequeña estatua volando por la ventana.

Remigia, la anciana sirvienta de la iglesia de los Santos Arcángeles, volvió a observar a la muchacha que, como sucedía muchas veces, se arrodillaba en el último banco después de entrar, en las horas en que no había funciones programadas. Remigia vio a la niña siempre muy recogida en la oración, pero también notó la expresión triste de la joven. Ese día, sin embargo, le pareció ver brillar también una lágrima, así que, movida por su bondad natural pero también por cierta curiosidad, esperó a que la joven se levantara y cuando se marchaba se acercó tratando de iniciar un discurso, para averiguar el motivo de su malestar. Él tuvo éxito. A través de un cordial intercambio de pensamientos y opiniones recogió sus confidencias: la muchacha, que se llamaba Sabina, ya avanzada en años, hubiera querido mucho encontrar novio y formar una familia, pero no pudo realizar este sueño. Remigia la consoló y le dio los mejores consejos, como pudo. De pronto Remigia recordó que, entre sus funciones como asistente, también estaba la de ocuparse de la venta de souvenirs. Por lo tanto, Remigia pensó que lo mejor era deshacerse finalmente de una pequeña estatua de San Raffaele, uno de los tres Arcángeles, que había estado colocada sin vender detrás del vidrio durante varios años.

"Mira Sabina – le dijo, guiándola hacia el gabinete – Te sugiero rezar todos los días a San Rafael, que es precisamente el protector de los novios y del amor conyugal. De hecho, como podéis ver en esta figurilla, que es una copia de un original en plata conservado en Nápoles, el Arcángel está representado con un joven y un pez a su lado. El joven se llamaba Tobías y había emprendido un viaje para casarse con una joven llamada Sara. Desafortunadamente, Sarah estaba poseída por el diablo Asmodeus: cada vez que se casaba, su esposo moría en la noche de bodas, y esto ya había sucedido siete veces.

Nuestro joven, sin embargo, no sabía que sería el octavo.

Durante el viaje, Tobías estuvo acompañado por el arcángel Rafael. Durante una parada en el viaje, Tobías se acercó demasiado a la orilla de un río y fue atacado por un gran pez. Raffaele lo ayudó a matarlo y le dijo que le extrajera el hígado y se lo quedara porque le traería suerte.

Tobías llegó a su destino y se dispuso a celebrar la boda, mientras su suegro ya preparaba la tumba para él también. Pero esta vez el foso era innecesario. Con la protección de Rafael, la pareja pasó la primera noche en oración y quemaron lentamente el hígado de pescado para obtener un humo benéfico. De esta forma los esposos vencieron al diablo, Sara quedó libre y vivieron felices por mucho tiempo.

Mi querida Sabina, tú también puedes confiar en Raffaele. Pon esta estatuilla en casa, y di la oración que te doy todos los días. Verás que el Arcángel pronto vendrá en tu ayuda.

Piensa, Sabina, que todavía hoy, en Nápoles, muchas chicas van a visitar la estatua del Arcángel para conseguir lo que deseas"

Sabina estuvo de acuerdo, compró la figurilla, la colocó en un armario de la casa y rezaba su oración todos los días. Una semana, un mes, tres meses...

Hasta que, al cuarto mes, en un momento de particular desesperación, tomó la figurilla, la miró con desprecio murmurando "¡Qué San Rafael! ¡Él tampoco me ayuda!"

Diciendo esto, arrojó la pequeña estatua por la ventana.

Después de unos minutos, escuchó el timbre de la puerta. Lo abrió y se encontró frente a un distinguido caballero que, con algo de vergüenza, le dijo:

"Disculpe, vi caer esta estatuilla de una ventana, creo que vino de este apartamento, así que pensé en traerla de vuelta".

Sabina, asombrada, lo hizo sentar, le ofreció un café, hablaron de esto y aquello y supieron que este amable señor se llamaba

Giulio y era célibe. Decidieron volver a verse, luego salieron varias veces y finalmente se casaron.

En el caso de Sabina, ¿dónde comienza la coincidencia, o mejor dicho, la serie de coincidencias? ¿La coincidencia comienza cuando la niña decide ir todos los días a la iglesia de los Santos Arcángeles, o cuando Remigia, intrigada, recoge las confidencias de Sabina? ¿La coincidencia comienza cuando una estatuilla permanece sin vender durante años, o cuando Giulio pasa por debajo de la ventana de Sabina justo cuando ella tira la estatuilla?

Son muchos hechos, no conectados entre sí y más bien diluidos en el tiempo, pero si los consideramos en conjunto adquieren un "sentido", es decir, se vuelven "significativos": en su conjunto construyen una sincronicidad.

"Significativo" significa: "que implica", "expresa un significado", "que constituye el signo", "la indicación de algo", "elocuente", "notable", "relevante".

"Numinoso" en cambio indica un evento rodeado de un aura de sacralidad, que suscita temor y reverencia al mismo tiempo.

En nuestro caso, obviamente, la sacralidad no deriva de la circunstancia de que estemos hablando de la estatua de un santo, sino que tiene un significado más amplio, es decir, connota el hecho como digno de particular reverencia y capaz de inducir temor espiritual.

Esta historia está tomada de la Biblia precisamente del Libro de Tobías, compuesto por 14 capítulos que narran la historia del judío Tobi, ambientada en el siglo VIII-VII. Deportado por los asirios, Tobi queda ciego. Su hijo Tobias emprende un viaje, acompañado por el arcángel Rafael, quien lo ayuda a casarse felizmente con Sara liberándola del demonio Asmodeus.

El Arcángel Rafael es considerado el protector de los jóvenes, el amor conyugal, los novios, los viajeros, los refugiados y los farmacéuticos. Sus símbolos son el pez y el frasco farmacéutico.

En Nápoles, sigue viva la tradición, para los jóvenes solteros, de ir, el día de San Valentín, al Museo del Tesoro de San Gennaro para tocar la estatua milagrosa de San Raffaele. ¡No cuesta nada intentarlo!

En la tradición bíblica Rafael significa "medicina de Dios" o "Dios cura" y se opone al significado del nombre del demonio Asmodeus "el que mata”.

Los arquetipos como conceptos primordiales.

"Los arquetipos como conceptos primordiales. La sincronicidad como "el cuarto elemento incómodo".

La palabra "arquetipo" proviene del griego antiguo y puede tener el significado de original, modelo, marca. Según algunos, también puede significar "partida", comienzo. Fue utilizado por primera vez por Filón de Alejandría, que vivía en Alejandría en Egipto y era contemporáneo de Jesús. Posteriormente, el término fue retomado por otros filósofos griegos como como Dionisio de Halicarnaso y Luciano de Samosata.

El desarrollo del tema de los arquetipos puede insertarse, sin embargo, en la tradición platónica, donde aparecen como "ideas", es decir, "modelos originales de cosas sensibles". Algunos neoplatónicos, como Plotino, las consideraban ideas preexistentes en la mente divina y modelos de las cosas creadas.

Dentro de esta tradición, Jung considera a los arquetipos como "imágenes primordiales" que constituyen el inconsciente colectivo, o incluso formas primitivas en las que se basan los mitos y las religiones.

En psicología analítica los arquetipos adquieren un valor ético y afectivo para el sujeto, y lo condicionan más o menos conscientemente a lo largo de su existencia.

De hecho, los arquetipos, tal como los concibió Jung, han sido comparados por muchos autores con estructuras míticas y cuentos populares con los que nos permitirían vislumbrar notables similitudes de significado. Recíprocamente, hay razones fundamentales en el mito y las religiones que se consideran arquetipos. En su libro "Tipos psicológicos", Jung afirma: "Los principales motivos mitológicos de cada época y de cada raza son probablemente de tipo arquetípico."

La cuarta excluida: la sincronicidad.

Jung fue un hábil disertante, logrando en todo caso interesar al público aun cuando éste no estuviera compuesto por personas introducidas en el ambiente científico. Contrariamente a la prosa freudiana, sin adornos y mesurada, Jung sabe expresar su personalidad rica y culta incluso en las obras más técnicas o sistemáticas. En este artículo me refiero principalmente a tres de sus ensayos, presentados en forma de conferencias. El primero, "Los arquetipos del inconsciente colectivo", fue escrito en 1934 y revisado en 1954. El segundo, "El concepto del inconsciente colectivo", fue escrito en 1936.

El tercer trabajo, "La sincronicidad como principio de conexiones acasuales", publicado en 1952, es casi un compendio de los dos mencionados y es en el que expresa plenamente su teoría sobre la sincronicidad.

Jung se mostró muy reacio a publicar este ensayo, y solo en 1952 su amigo y corresponsal Wolfgang Pauli lo persuadió para que lo hiciera.

Los dos habían colaborado durante más de veinte años a través de un intenso intercambio de ideas, precisamente en estos temas.

De hecho, a pesar de ser uno de los padres fundadores de la física cuántica, capaz de ganar un premio Nobel en 1945, Pauli compartía mucho las ideas de Jung y le hubiera gustado que el entorno científico fuera capaz de superar la desconfianza, el escepticismo y la burla considerando la posibilidad de un camino paralelo y de un lenguaje común entre la ciencia y la psiquis, que permitiría una mayor comprensión.

El enfrentamiento intelectual entre Jung y Pauli generó una investigación conocida como "el cuarto excluido". De hecho, el objeto de sus estudios tendía a resolver muchas de las dudas planteadas por la física cuántica sobre la completitud del modelo de la tríada de la física clásica: tiempo, espacio, causalidad; Jung y Pauli imaginaron un "cuarto elemento excluido" al que se le dio el nombre de "sincronicidad".

Pauli estaba fascinado con la posibilidad de agregar el cuarto elemento a la tríada. Jung, por su parte, estaba fascinado por los primeros estudios de partículas subatómicas que comenzaron a revelar propiedades increíbles, como mutar en ondas, desaparecer y aparecer en otros puntos remotos o comunicarse a distancias inmensas a través de misteriosas conexiones no físicas. Jung vio la naciente física cuántica, e incluso la teoría de la relatividad de Einstein, como posibles confirmaciones científicas de sus conceptos psicológicos de sincronicidad y lo paranormal.

Pauli poseía una profunda intuición (que, según dijo, se derivaba mucho de sus sueños) y una capacidad excepcional para pensar.

Desgraciadamente, Jung, como todo genio, siempre había chocado con la incomprensión de sus ideas más originales y la frialdad por parte de sus compañeros y de su entorno laboral. Su pesar, y tal vez su sufrimiento por no poder, desde muy joven, involucrar en sus intuiciones ni siquiera a las personas más cercanas, es evidente en las páginas de "Memorias, sueños, reflexiones". Este es un diario, escrito por Aniela Jaffè, que contiene muchas de las confesiones de Jung. Por lo tanto, en su madurez, Jung había adoptado instintivamente una actitud renuente a hacer públicas sus teorías más audaces.

Fue Pauli quien superó sus reticencias convenciéndolo de publicar juntos un libro, en el que aparecían dos ensayos; uno del propio Pauli titulado "La influencia de los arquetipos en las teorías científicas de Kepler" y el segundo, firmado por Jung, "La sincronicidad como principio de conexiones acasuales.

Arquetipos como "imágenes primordiales".

El libro publicado con Pauli representó la síntesis de décadas de trabajo. La primera vez que Jung utilizó el término arquetipo data de 1919, con motivo de un simposio celebrado en Londres.

> "En el inconsciente también encontramos características que no han sido adquiridas individualmente, sino heredadas, es decir, instintos entendidos como impulsos para actividades que provienen, sin motivación consciente, de una restricción interna. A estos se suman las formas existentes a priori, es decir congénitas, de la intuición, es decir, los arquetipos de la percepción y la comprensión, (...) Los instintos y arquetipos de la intuición forman el inconsciente colectivo".

Jung pronto desarrolló la convicción de que los arquetipos eran ideas externas a la conciencia individual, que siempre habían existido y estaban estrechamente conectadas con los mitos primordiales. El hecho que lo llevó a abrazar convincentemente la tesis de la relación con los mitos lo relata él mismo en el ensayo "El concepto de inconsciente colectivo" de 1936.

> "Alrededor de 1906 me encontré con una ilusión delirante muy extraña, en un esquizofrénico paranoico que había estado hospitalizado en un manicomio durante

muchos años. El paciente había sufrido desde que era joven y era incurable. Había estudiado en una escuela pública y fue contratado en una oficina como oficinista. no tenía ninguna inclinación particular por la mitología o la arqueología, y yo mismo no sabía nada al respecto en ese momento. Un día encontré al paciente junto a la ventana, moviendo la cabeza y parpadeando al sol. Me dijo que hiciera lo mismo, porque así podía ver algo muy interesante. Cuando le pregunté qué veía, se asombró de que yo no podía ver nada y dijo: "Seguramente ves el pene del sol… cuando muevo la cabeza hacia adelante y hacia atrás, también se mueve, y de ahí viene el viento". Por supuesto que no entendí esta extraña idea en absoluto, pero tomé nota de ella.

Unos cuatro años más tarde, en el curso de mis estudios mitológicos, encontré un libro del difunto Albrecht Dieterich, el conocido filólogo, que arrojó luz sobre esta fantasía. La obra, publicada en 1910, trata de un papiro griego de la Biblioteca Nacional de París. Dieterich creía haber descubierto un ritual de Mithriac en una parte del texto. El texto es, sin duda, una prescripción religiosa sobre la ejecución de ciertos hechizos en los que se nombra a Mithra. (...) En el texto leemos las siguientes indicaciones:

"Inhala de los rayos, inhala tres veces tanto como puedas y sentirás que te elevas y caminas hacia arriba y sentirás que estás en medio de la región del aire... Aparecerá el camino de los dioses visibles a vosotros por el disco del sol, que es Dios mi padre. También lo es el llamado tubo, el origen del viento útil. Porque verás algo como un tubo colgando del disco del sol. Y esto hacia las regiones occidentales, tan infinito como el viento que sopla del este. Si entonces, para ser dirigido hacia las

regiones orientales, es el otro viento, entonces veréis la inversión de la visión hacia aquellas regiones"

(…) Ahora bien, es absolutamente imposible que el paciente pudiera haber tenido algún conocimiento de un papiro griego publicado cuatro años después".

Jung consideró este episodio como una primera evidencia de una estrecha relación entre los arquetipos que se materializan en la mente humana y los símbolos de las mitologías antiguas.

Jung y la dimensión psicoide.

"Jung y la dimensión psicoide, donde todo está conectado con todo".

Anteriormente describí el caso, citado por Jung, de una madre que después de muchos años encontró el carrete de la cámara en el que estaba impresa la imagen de su hijo de un vendedor de chatarra. Son innumerables los casos en los que la afección psíquica de una persona hacia un objeto ha podido establecer un vínculo que ha ido más allá del tiempo y del espacio. Es como si la persona y el objeto hubieran mantenido, incluso en la separación, un vínculo psíquico que condujo a su reunificación.

Nosotros mismos experimentamos estas situaciones a diario. Ocurre cuando perdemos un pequeño objeto que, a pesar de las repetidas búsquedas, ya no podemos encontrar. El comentario más clásico es "Paciencia, tarde o temprano sale". Es cierto: tarde o temprano sale. Después de días, oa veces meses, el objeto reaparece justo donde lo habíamos buscado durante mucho tiempo, y nos preguntamos cómo es posible que siempre haya estado allí sin que lo veamos. O bien, el objeto emerge del fondo de un cajón donde estamos convencidos de que nunca lo hemos puesto.

Hay casos bien conocidos relacionados con el descubrimiento de libros por parte de los propietarios. Muy a menudo, los libros son objetos particularmente amados, porque recuerdan momentos más o menos felices de la vida pasada.

Anna Parish fue una escritora de libros para niños, nacida en Colorado Springs en los Estados Unidos y vivió entre los siglos XIX y XX. En ese momento ocupó los primeros lugares en las listas de ventas varias veces. Sus éxitos más conocidos son "The Dream Coach", "Floating Island" y "The Story of Appleby Capple".

Probablemente de sus lecturas nació su amor por el género literario dedicado a los niños. Le apasionaban las aventuras de Jack Frost, protagonista de una larga y exitosa serie. Jack Frost es uno de los Guardianes que han jurado proteger las esperanzas, los deseos y los sueños de vida de los niños. En cierto modo, podría recordar las aventuras modernas de Harry Potter. Un libro golpeó particularmente su sensibilidad cuando era niña. Lo había leído y releído varias veces hasta casi aprenderlo de memoria. Era "Jack Frost y otras historias".

Luego, como sucede en la vida, una serie de eventos, incluidas dos guerras mundiales, separaron al propietario del libro. En la década de 1950, el escritor vino de vacaciones a Europa y visitó París. Paseando por un mercado, se fijó en un libro sobre un mostrador que conocía muy bien: "Jack Frost y otras historias". La cubierta hacía juego con la que ella amaba cuando era niña. Instintivamente tomó el libro del mostrador y se lo mostró a su esposo, explicando que había sido el libro favorito de su niñez y adolescencia.

Su esposo comenzó a hojearlo distraídamente hasta que, en la solapa de la cubierta, vio una escritura a pluma con una letra hermosa: "Parroquia de Anne, 209 N. Weber Street, Colorado Springs".

¡Ese era exactamente el libro original de Anne, perdido décadas antes en los Estados Unidos, ahora resurgiendo en París en manos de su antiguo dueño!

Ciertamente ese libro siempre había estado en los pensamientos de Anne, pero tal vez el libro también había conservado la calidez de sus manos, el ansia de conocimiento en sus ojos y el cuidado con el que había sido tratado. Tal vez el libro hubiera querido, en una dimensión superpsíquica, reunirse con quienes lo habían amado.

¿Es un concepto absurdo o es un concepto posible?

Es ciertamente absurdo en la dimensión de nuestra vida cotidiana, pero se hace posible en la dimensión que Jung hizo suya, la dimensión psicoide.

Unidad de psique y materia.

El concepto de "psicoide", muy querido por Jung, fue desarrollado por primera vez por otro psiquiatra suizo, Eugen Bleuler.

Además de "psicoide", Bleuler acuñó varios términos que todavía se usan en psicología hoy en día, como "psicología profunda" y "esquizofrenia". Colaboró durante mucho tiempo con Freud antes de romper con él, porque reconocía elementos de dogmatismo en sus posiciones y no estaba de acuerdo con algunas de sus opiniones. El desapego definitivo de Freud se produjo en 1913, cuando Bleuler hizo públicas sus críticas en el artículo "Kritik der Freudischen Theorien" (Crítica de las teorías de Freud).

Bleuer concibió un evolucionismo finalista ligado a la psicología biológica, la rama de la neurociencia que estudia el comportamiento, es decir, las actividades físicas asociadas a los procesos mentales. Según Bleuler, existe un factor unitario y estructurante, el "psicoide", que subyace a la complejidad de los procesos vitales y constituye su principio unitario.

Jung conocía muy bien a Bleuler porque era el poderoso director de Burghölzli, el Hospital Psiquiátrico Universitario de Zúrich donde Jung, un joven médico primerizo, había comenzado a trabajar. Jung recordó con cariño su primer encuentro con el director del hospital, que tuvo lugar en la sala de espera. Bleuler lo saludó con palabras de bienvenida y, a pesar de las insistentes protestas de Jung, le quitó la maleta de la mano para llevarla él mismo y lo acompañó a la habitación que le había sido asignada.

Por esta humanidad, Jung tenía en alta estima a Bleuler y no dejó de estudiar cuidadosamente todas sus obras.

Bleuler no profundizó en el tema del psicoide, a pesar de haberlo tratado en su libro "El psicoide como principio de desarrollo orgánico". Sin embargo, el concepto fue retomado y "hecho suyo" por Jung. El creador de la teoría de la sincronicidad la adoptó plenamente en su construcción psicológica. De hecho, es difícil imaginar la sincronicidad fuera de una realidad psicoide. De hecho, Jung afirma que "la sincronicidad implica un sincronismo absoluto entre los eventos psíquicos y físicos". Esta es una descripción perfecta de lo que es la realidad psicoide: es la condición unitaria de la psique y la materia.

En la dimensión psicoide no hay distinción entre lo físico y lo psíquico. Las imágenes son tan reales como los objetos que representan y los pensamientos son tan reales como los argumentos en los que piensan. Obviamente, esto entra en conflicto con nuestra comprensión sensorial del mundo. En la dimensión psicoide ya no hay distinción entre la cosa pensada, presente sólo en la mente, y la cosa concreta, palpable, realizada. No hay distinción entre una historia imaginada y una historia que ha sucedido. En la práctica, no hay diferencia entre imaginación y "realidad" en el sentido que normalmente le damos a este término.

En su vasta literatura, Jung cita muchos casos en los que la realidad psicoide encaja perfectamente en su construcción psicológica.

El primer y muy famoso ejemplo es el del escarabajo. En otra ocasión, es decir, en una carta escrita en 1945 y dirigida al prof. JB Rin de Durham, EE. UU., Jung describe un incidente similar:

> "Voy a dar un paseo por el bosque con un paciente. Ella me cuenta sobre el primer sueño de su vida, un sueño que dejó una huella imborrable en ella. Había tenido una

visión de un zorro, lo había visto bajando las escaleras de la casa de los padres.

En ese momento, a menos de cuarenta metros de nosotros, un zorro sale de los árboles y corre tranquilamente por el camino frente a nosotros durante un par de minutos. El animal se comporta como si compartiera nuestra condición humana..."

Debemos preguntarnos: ¿pero la Cetonia aurata estaba allí mismo, lista para golpear el cristal de la ventana, cuando el paciente habló del escarabajo visto en un sueño?

¿Y estaba el zorro allí mismo, listo para aparecer frente a los dos que paseaban, mientras la paciente contaba su sueño?

El relato de los dos sueños generó dos sincronicidades que cambiaron la realidad física de los pacientes y del mismo Jung. Jung y los pacientes ciertamente estaban experimentando momentos de patetismo, profundamente inmersos en la narrativa reforzada por el sufrimiento psíquico real de los pacientes. Esta situación, en ambos casos, ha generado una tensión capaz de dar lugar a la sincronicidad.

Sería difícil establecer si el zorro y la Cetonia estaban realmente presentes allí, así como es difícil investigar cualquier manifestación psicoide o sincrónica. Quizás en ambos casos, la sincronicidad tuvo el poder de trasladar la escena a un universo diferente, uno de los infinitamente posibles, en el que el zorro y la Cetonia estaban realmente presentes. O bien, la cetonia y el zorro se han materializado tanto como el libro de Anna Parish o nuestras llaves encontradas donde nunca imaginamos.

El concepto de psicoide se aplica a la no diferenciación entre el psiquismo y la materia, entre los pensamientos y los hechos, para hacer posible hechos como los narrados. Pero también se puede reconocer una situación psicoide entre las sensaciones conscientes del presente y el inconsciente, donde el futuro ya está presente. Una fuerza similar a una atracción psíquica inconsciente puede establecer un plano psicoide en el que pasado y futuro se funden para formar un mismo elemento indistinto de una existencia manifestada ayer, hoy, mañana, aquí y en todas partes.

La continuadora y exégeta de Jung, Aniela Jaffé, cuenta la trágica historia de un niño. El joven solía jugar con un amigo en el campo alrededor de su casa. Respetando las recomendaciones de sus padres, los dos se mantuvieron alejados de un pozo poco profundo, pero un día, después de correr, se detuvieron justo al borde de ese pozo para tomar un respiro. La mirada de nuestro joven amigo se posó en el agua quieta, que reflejaba su imagen como un espejo. Al verse reflejado en el agua lo asaltó una fuerte perturbación. Por un instante se sintió transportado a otro mundo: ya no vio a su amigo, ni el campo circundante. Estaba tremendamente solo y tremendamente atraído por su imagen en el agua. Él se recuperó. No dijo nada, pero no pudo borrar ese momento en el que su conciencia y una misteriosa fuerza de atracción se habían fusionado, como si toda su vida se resumiera en ese breve destello. En los años siguientes siempre trató de mantenerse alejado de ese pozo, pero una influencia trágica de "sympathia rerum" había unido su conciencia a esa agua. De hecho, después de unos años, el joven perdió la vida al ahogarse en ese pozo.

Esta historia recuerda mucho al destino de Narciso, un personaje trágico de la mitología. Hijo de la ninfa Liriope y del dios del río Cefiso, Narciso era un joven cazador. Cuando cumplió los dieciséis años, era guapo hasta el punto de que todos los que conocía se enamoraban de él. Pero Narciso rechazó a todos. Un día, mientras cazaba, la ninfa Eco lo siguió al bosque, deseosa de hablarle. Desafortunadamente, Eco había tenido una pelea con Juno, quien por lo tanto le había infligido un extraño castigo. Eco nunca podía hablar primero, pero siempre tenía que repetir las últimas palabras pronunciadas por el interlocutor. Entonces, sabiendo que no podía establecer un diálogo con Narciso, en cuanto logró acercarse, la bella Eco inmediatamente tomó acción y corrió a abrazarlo sin decir palabra. Narciso, sin embargo, la empujó mal. La pobre quedó tan desilusionada que se retiró a la soledad y empezó a vagar llorando por los valles solitarios. Lloró tanto que sólo quedó su voz.

La diosa Némesis, sintiendo compasión por Eco, decidió castigar a Narciso. Cuando el joven, sediento después de una cacería, se inclinó sobre un estanque de agua para beber, Némesis se aseguró de que Narciso pudiera ver su propia imagen reflejada en el agua. Como a todos, en cuanto Narciso vio su imagen por primera vez, se enamoró profundamente de ella. Pero pronto se dio cuenta de que su amor nunca sería correspondido, porque ese joven era él mismo. Desesperado, siguió suspirando toda su vida por ese amor imposible, hasta que terminó ahogado en esa misma piscina.

Némesis es un nombre que recuerda el destino. ¿Fue realmente el destino lo que provocó esa trágica conclusión? Si la historia hubiera sido algo privado en la vida de Narciso, es decir, algo que solo le interesaba a él y su imagen, podríamos hablar de su destino.

En una visión psicoide, donde todo está conectado con todo, no puede haber un destino personal. En primer lugar, la historia de Narciso, a pesar de ser un mito, a nivel psicoide es absolutamente real. Sabemos que existen diferentes versiones mitológicas de la historia de Narciso y, a nivel psicoide, todas son igualmente ciertas. Además, todas estas historias son parte de un plan psicoide que incluye no solo su historia, sino todas las historias del universo. Por tanto, no hay un destino personal de Narciso, como no lo hubo del niño que se ahogó en el pozo que le atraía de niño.

Hay una realidad psicoide general, que contiene todas las realidades. En este sentido, las historias individuales no existen como tales, sino como partes de un todo y sus significados ya no están relacionados con las historias en sí, sino con la totalidad de las historias.

Cualquier acontecimiento trágico o feliz, como el comienzo de una guerra, un terremoto, el nacimiento de una nueva civilización o un descubrimiento científico revolucionario, forman parte de un tejido ya tensado en una dimensión que llamamos “tiempo y espacio”.

Pero esta dimensión no tiene tiempo ni espacio.

¿Son sorprendentes estas afirmaciones? No mucho. La física cuántica, es decir, la física de la intimidad de la materia, confirma la realidad psicoide cuando afirma que las "cosas" no existen como tales, sino como fantasmas errantes entre una multiplicidad de estados en los que es probable que existan.

La física cuántica ha proporcionado pruebas de que la materia puede existir simultáneamente en forma corpuscular y ondulatoria. Esto tiene consecuencias increíbles. Podemos anticipar un concepto fundamental de la física cuántica. De hecho, la partícula y la onda dan la sensación de algo que por un lado es sólido y bien definido, por otro es inmaterial, "disperso en una nube probabilística".

Jung se familiariza con estas nociones científicas porque se las presenta su amigo, el físico Wolfgang Pauli. Esto es suficiente para alentarlo a consolidar uno de los principales supuestos de la psicología analítica. La física, con la teoría del Big Bang, sostiene que en los primeros momentos de la creación, materia y energía eran indistintas. De manera similar, Jung sostiene que, en las capas más profundas, la sustancia del ser es física y psíquica sin distinción.

Descifrando sincronicidades.

"Sincronicidad. Consejos para descifrar".

Cuando nos encontramos envueltos en eventos particulares, como una serie de extrañas coincidencias, podemos imaginarnos siendo los protagonistas de un episodio de sincronicidad. Normalmente estas coincidencias están desconectadas entre sí y adquieren un "sentido" unitario sólo en nuestra elaboración mental. Incluso un sueño puede tener estas características.

La especificidad de las sincronicidades, es decir, su carácter simbólico y el estrecho vínculo con el inconsciente individual, hacen que el desciframiento del mensaje esté casi exclusivamente encomendado al receptor. Por lo general, terapeutas profesionales capaces de profundizar en las capas internas que ni siquiera el propio sujeto es capaz de explorar objetivamente.

En la mayoría de los casos, nadie sueña con recurrir a un psicoterapeuta para que le ayude a revelar el simbolismo de los mensajes sincrónicos, por lo que podemos dar aquí algunos consejos generales que nos pueden ayudar.

La primera, por supuesto, consiste en considerar las coincidencias significativas no como resultado del azar, sino como mensajes de una Mente superior que coordina la armonía del universo y quiere ayudarnos a permanecer armoniosos, es decir, beneficiarios del bienestar interior.

La segunda consiste en confiar sólo en el propio juicio, que es ciertamente el más calificado y el más informado para elaborar la propia interioridad en busca del significado de los símbolos. Los símbolos son patrimonio de toda la humanidad pero, al mismo tiempo, se ajustan estrictamente a nuestro ego, nuestra cultura y nuestra forma de ver el mundo. Podemos decir que el símbolo es como la punta de un dedo: hay miles de millones, y al mismo tiempo no hay dos iguales: cada uno tiene sus huellas únicas e inconfundibles.

El tercer consejo consiste en no tener prisa en atribuir significados. A menudo, una sincronicidad se compone de varios eventos diluidos en el tiempo. Tenemos que crear un cajón secreto en la mente en el que depositamos los mensajes no entendidos, y cada vez que recibimos uno nuevo tenemos que repasarlo con todos los que quedan sin resolver. Esta práctica puede dar resultados sorprendentes. Si toda curiosa coincidencia suscita cierta sorpresa pero luego la descartamos rápidamente, corremos el riesgo de interrumpir un camino del que este fue un paso importante. De hecho, una sincronicidad puede manifestarse durante días o meses, o incluso años, y cada nueva coincidencia significativa puede ser el refinamiento de una anterior.

Recordemos que el lugar de donde provienen las sincronicidades suele llamarse "no localidad", porque no es posible ubicarlo ni en el espacio ni en el tiempo: en el nivel no local no hay espacio ni tiempo, y esto está científicamente probado por la física cuántica y por el reciente descubrimiento del fenómeno llamado entrelazamiento, que he tratado de describir en sus elementos esenciales.

Como apéndice a este tercer consejo, muchos estudiosos y autores argumentan la utilidad de llevar un diario de coincidencias. En este diario también podemos anotar los sueños significativos, es decir, los que más nos impactaron. Los sueños pueden tener un valor sincrónico (o profético) cuando el evento soñado se realiza verdaderamente, o podemos dar sentido a un evento conectándolo con el sueño, incluso si no se corresponden porque uno es simbólico y el otro es real.

El "sympathia rerum" de Girolamo Fracastoro.

"Pandemias y sincronicidad. El "sympathia rerum" de Girolamo Fracastoro".

La física cuántica nos enseña que las partículas, además de atraerse y repelerse, se reconocen entre sí. Dos partículas relacionadas nunca se pierden de vista, incluso si se colocan en los dos extremos del universo. La "simpatía cuántica" ya no necesita contacto físico para manifestarse.

Girolamo Fracastoro, precursor de la epidemiología moderna.

Una mirada al pasado permite establecer una conexión sorprendentemente sólida entre la situación actual y algunos razonamientos científicos desarrollados por el humanista y filósofo veronés Girolamo Fracastoro en el siglo XVI. Describió algunas formas infecciosas a las que llamó "seminaria morbi", es decir, "propagadoras de enfermedades". Cualquier profano en el tema, a la luz de los conocimientos actuales, puede imaginar que las "seminaria" fueran una descripción primitiva de las bacterias y virus actuales. Efectivamente, así es, ya que, según Fracastoro, las "seminaria" eran responsables de varios tipos de contagios. En su obra de 1530, "Syphilis sive morbus gallicus" (Sífilis, o enfermedad francesa) describe la conocida enfermedad sexual. El nombre está tomado del mito griego del pastor Sifilo, castigado por el dios Apolo con esta enfermedad. Aún hoy la enfermedad se conoce con el mismo nombre, pero también sabemos que la "seminaria" responsable es la bacteria "Treponema pallidum".

En su obra de 1546, "De contagione et contagiosis morbi et curatione" Fracastoro argumenta que las enfermedades contagiosas son provocadas por seres vivos microscópicos y que la transmisión entre seres humanos se produce por el paso de esporas o semillas de los enfermos a los sanos. En una época en que los microbios eran desconocidos, Fracastoro imagina la existencia de partículas invisibles capaces de propagar infecciones rápidamente. En este sentido, se le puede considerar el fundador de la epidemiología.

El misterio de las "seminaria morbi".

Pero, ¿de dónde viene la "seminaria"? Aquí la respuesta de Fracatoro se vuelve menos científica y el científico deja lugar al filósofo. En este sentido, cabe mencionar una colección de sus obras, publicada en 1555 en Venecia, que incluye también el texto de filosofía natural "De sympathia et antipatia rerum". En las intenciones del autor, esta obra debería haber sido publicada junto con "De contagione", ya que creía que los dos textos se complementaban.

En "De sympathia", Fracastoro sostiene que todas las cosas del mundo están conectadas entre sí por una fuerza natural y universal. Incluso el hombre, como componente de la naturaleza, no escapa a esta fuerza. Esta es la "Simpatía" que cada parte siente hacia el Todo. El Todo corresponde y recompensa a cada parte con la misma "simpatía".

Una intuición demasiado valiente para la época.

La intuición era demasiado valiente para la época y Fracastoro la redimensionó posteriormente. Él explica que "Sympathia" no pretende ser una fuerza de atracción espiritual. El sentido de "Simpatía" es físico. Las relaciones entre las cosas se establecen por los flujos de átomos, por lo que nada puede suceder sin contacto físico. En otras palabras, el autor argumenta que existe atracción entre "cosas similares" y repulsión entre "cosas diferentes".

Analogía con la física de partículas.

La física de partículas nos enseña hoy algo conceptualmente similar, pero opuesto en la práctica. Las partículas con la misma carga no se atraen, sino que se repelen, y las que tienen diferente carga se atraen. En otro nivel, la física cuántica nos enseña que las partículas, además de atraerse y repelerse, se reconocen. Dos partículas relacionadas nunca se pierden de vista, incluso si se colocan en los dos extremos del universo. La "simpatía cuántica" ya no necesita contacto físico para manifestarse. El vínculo de conocimiento cuántico es un "rerum de simpatía" que no requiere contacto. Es inmaterial, psíquico, "espiritual". Giordano Bruno, un filósofo de la naturaleza que defendía la unidad de infinitos mundos y universos, introdujo en sus diálogos un personaje, Fracastorio, que representa claramente el pensamiento del científico veronés.

Coincidencias significativas.

La coincidencia entre los estudios de Fracastoro y la actualidad es asombrosa, hasta el punto de sugerir que se trata de mucho más que una simple coincidencia. Cuando una coincidencia se vuelve particularmente significativa, podemos hablar de sincronicidad.

De hecho, cinco siglos después, nos encontramos hablando de una enfermedad que se propaga entre los seres humanos. Cuando la ciencia nos permitiría sonreír ante la hipótesis de que la enfermedad se propaga por simpatía entre las cosas, la física cuántica nos presenta una sólida teoría del todo, según la cual cada partícula del universo está conectada (enredada) con todas las demás, en un forma "no física".

La conexión de todo el universo existe con certeza. Esta conexión se puede probar a pequeña escala en laboratorios, pero obviamente no se limita a experimentos donde se conectan dos o unas pocas partículas más. Es lo que podemos definir como "la madre de todas las conexiones", porque se desarrolló en el nacimiento del universo, durante el Big Bang. En ese instante nacieron juntas todas las partículas del universo y por lo tanto fueron correlacionadas por la inmensa explosión primordial.

Otra coincidencia radica en la inteligencia del fenómeno. Hoy podemos afirmar que la "sympathia rerum" que une todas las cosas no es una capacidad específica de la materia, sino una fuerza psíquica capaz de iniciativas inteligentes, llamadas sincronicidades. Son iniciativas que pueden guiar al hombre hacia etapas evolutivas cada vez más elevadas.

Una anécdota curiosa.

La ciudad italiana de Verona ha querido homenajear a su ilustre ciudadano Girolamo Fracastoro con un homenaje. En el centro de la ciudad, donde Via Fogge desemboca en Piazza dei Signori, se ha erigido una estatua de cuerpo entero que lo representa sosteniendo un globo terráqueo en la mano. Los jueces y abogados que se dirigían al antiguo palacio de justicia tenían que pasar justo por debajo de la estatua. Según la tradición popular, ese globo caerá sobre la cabeza de la primera persona respetable que pase por debajo de él. Sin embargo, después de muchos siglos, la pelota sigue firmemente unida a la mano del filósofo.

Supongamos que un día la pelota cae en la cabeza de alguien. ¿Podemos considerar este evento como una mera casualidad, o podemos darle un sentido, considerándolo la manifestación de la profecía? ¿Debe considerarse como una mera coincidencia la coincidencia entre el paso de una persona y la caída de la pelota? ¿O, según la teoría de la "sympathia rerum", debemos considerar los dos hechos (el paso y la caída) conectados por una fuerza misteriosa?

Una cuestión de sincronicidad.

Según la psicología más actual, la fuerza unificadora de los dos hechos coincidentes (paso y caída) toma el nombre de sincronicidad. Obviamente, si todas las cosas del universo pueden relacionarse con la unidad, entonces todo debe tener un significado. Las cosas más diversas y lejanas deben combinarse entre sí según una trama destinada a un dibujo. Desafortunadamente, este diseño escapa por completo a la comprensión humana.

La sincronicidad presupone la existencia de una correspondencia entre tres circunstancias muy diferentes, pero sujetas a la misma solicitación: la creencia popular, un globo suspendido encima, el paso de un "caballero". En un determinado momento del tiempo y del espacio estas circunstancias generan una sincronicidad por la que, según la tradición, la pelota cae y golpea al "caballero" que pasa por debajo.

Si esto es cierto, hay una dirección, un solo principio vital que impregna todo el universo. En ese momento particular de tiempo y espacio el principio vital crea un microcosmos compuesto por esas tres partes específicas, las cuales se excitan para que se produzca un episodio sincrónico. Es importante enfatizar que esto sucede en el contexto de un proyecto global, en un tiempo global y en un espacio global. La caída de la pelota no es independiente de todo lo demás que sucede en el universo, sino que compone y completa una trama universal.

En este principio vital la parte detectable por los sentidos (la bola de piedra) y la parte extrasensorial (creencia popular) se superponen a la parte probable (el paso del hombre honesto). La superposición de lo sensorial con lo extrasensorial y con lo probable es la demostración de que todo es realmente uno.

Si el hecho realmente sucede, y la esfera de piedra cae sobre un transeúnte, quizás investiguemos pero nunca podremos rastrear por qué esa esfera cayó justo cuando esa persona pasaba por debajo. Sin embargo, existe la posibilidad de que el fracaso de la investigación no se deba a una inevitable incomprensibilidad del fenómeno. Lo más probable es que no comprendamos algunos fenómenos porque nuestros métodos de investigación son inadecuados o parten de supuestos erróneos.

Extrañas coincidencias.

Radio Radio FM 104.5-Sky entrevista con Bruno Del Medico.

"Entrevista de Radio Radio FM 104.5-Sky a Bruno Del Medico".

Transcripción reelaborada de la entrevista.

El video original (en italiano = se puede ver en la página de Facebook "Cenacolo Jung Pauli" o en Youtube.

Bruno Del Medico está hoy aquí con nosotros como escritor. Hola bruno

Hola Damiano.

Conozcamos mejor a Bruno Del Medico. Bruno no nació siendo escritor, se convirtió en escritor en algún momento de su vida, ¿verdad Bruno?

Actualmente desde el punto de vista laboral estoy jubilado y utilizo mi tiempo libre practicando en la difusión de los temas de los que hablo en esta entrevista. Lo hago como blogger: he creado varias referencias en la red, principalmente una página de

Facebook seguida por más de 6000 personas. (hoy 30.000, ed) Lo hago también como escritor, con tres libros ya publicados, y un cuarto saldrá en un par de meses, nuevamente con las ediciones PensareDiverso.

Antes de la jubilación trabajé en el campo de TI. Desde la aparición de los primeros ordenadores domésticos que alguien recordará, empezando por el Sinclair ZX80 pasando por el Vic20 o el glorioso Commodore 64, colaboré con muchas revistas de la época como Bit, Radioelettronica, MC Computer y Personal Software, luego realicé durante algunos años cursos de programación, finalmente me dediqué al desarrollo de aplicaciones de gestión.

La experiencia de la programación me formó y me hizo comprender que los eventos muchas veces están formados por una realidad que no entendemos y una apariencia que entendemos pero que no es la realidad.

Por ejemplo, cuando procesamos la actividad de una empresa procesamos grandes masas de datos que están desconectados entre sí, pero esta es la realidad. Obtenemos un diagrama que también puede ser entendido por un niño, pero esto en sí mismo es una abstracción, no existe.

Hay una gran diferencia entre el programa que procesa los datos y los resultados que vemos.

Los videojuegos nos emocionan en situaciones completamente virtuales, porque la verdadera consistencia de un videojuego radica en un programa que alguien ha preparado previamente.

No podía imaginar nada más aburrido e incomprensible que programar un programa de videojuegos.

En pocas palabras, creo que detrás de cada evento, incluso los de la vida cotidiana, hay un programa.

Entonces, ¿crees que también hay programas subyacentes a los eventos de la vida ordinaria?

Veamos un caso muy trivial. Conocimos a alguien y le dimos la mano. Detrás de esta acción hay muchos programas que han entrado en funcionamiento. En primer lugar, está el "programa máquina" que guía el cuerpo y nos hace dar pasos hacia el otro, luego nos hace estirar el brazo con la mano abierta, luego nos hace estrechar la otra mano.

Es un programa que coordina el funcionamiento de cientos de músculos y órganos de los sentidos, pero se lleva a cabo automáticamente. Reside en el cerebro, se expresa con órdenes dadas a las diversas partes del cuerpo.

Luego hay un programa de nivel superior, que determina la decisión: si queremos estrechar esa mano o no, y qué grado de simpatía y qué amplitud de sonrisa queremos mostrar. Este programa está escrito a partir de nuestra experiencia de vida y no reside en el cerebro sino en la mente, es decir, en la conciencia.

Luego están los programas que ejecutamos incluso si fueron escritos por otros.

Por ejemplo, si vamos a la oficina municipal a renovar el documento de identidad, es porque hay reglas según las cuales el documento debe renovarse cada pocos años.

El programa que nos lleva a la oficina no lo escribimos nosotros, es parte del entorno en el que vivimos, y en ese sentido determina nuestro comportamiento.

Ahora, imaginemos que mientras vamos a la oficina caminando por la acera tropezamos con una raíz que sobresale y corremos el riesgo de caer.

¿Cuál es el programa detrás de este hecho?

¿No podríamos decir que es un caso simple?

Podríamos decir que no hay programa, nadie había previsto ni predeterminado el escollo, ni nosotros ni los demás; por lo tanto, digamos que sucedió por casualidad.

Pero admitamos que mientras caemos, nuestra mirada ve un billete de 5 euros allí mismo, en el suelo, perdido quién sabe cuándo por quién sabe quién. Recogemos el billete, y es nuestro; no hay indicaciones para poder devolverlo.

¿Hay un programa detrás de este hecho? Bueno, digamos que fue un caso curioso.

Pero no se trata de una sola casualidad, se trata de muchas curiosas coincidencias: justo ahí pasamos, justo ahí nos tropezamos, justo ahí estaba el billete, nadie lo había visto y nosotros lo vimos primero.

Demasiadas coincidencias juntas para considerarlas simplemente una coincidencia.

Digamos que no fue así, pero suerte. Así que empecemos a imaginar que un cuerpo llamado FORTUNA escribió este programa para nosotros.

¿Puedes darme otros ejemplos?

Por supuesto. Silvia, (una señora de mediana edad) está en casa y decide sacar un objeto de un cajón. Sin darse cuenta tira demasiado, el cajón se sale de las guías y todo el contenido acaba en el suelo.

Recolectando cosas, Silvia encuentra en sus manos una foto muy antigua de cuando era estudiante de secundaria, la cual la retrata junto a un chico, un compañero de estudios. Lucha un poco por recordarlo pero luego se fija en él: es Marco, a quien no ve desde hace años porque ha cambiado de ciudad.

Al día siguiente Silvia va al centro comercial, toma la escalera mecánica y alarga el paso como suele hacer al bajar. En ese momento casi termina en los brazos de una persona parada allí. Bueno, ¿adivina quién es esta persona?

¿Es Marco?

lo adivino Es realmente el viejo amigo Marco. ¡Qué casualidad!

Estos hechos, o hechos más o menos parecidos, se los contamos a nuestros amigos y los oímos contar porque suceden muy a menudo, y probablemente cada uno de nosotros haya sido protagonista al menos una vez de una extraña coincidencia.

Entonces, ¿hay un programa detrás de las coincidencias?

Esa es la pregunta que me hice. La probabilidad de encontrar una foto antigua y conocer a la persona representada en la foto poco después es de uno a muchos millones.

Haciendo estas reflexiones me pregunté: ¿Hay un programa detrás de estas coincidencias inesperadas tan ajenas a la cotidianidad?

¿Hay algún programador que organice estos eventos? Es decir, ¿existe una voluntad que decide que esos hechos deben ocurrir en nuestra vida? Pero sobre todo: ¿hay un mensaje?

Cuando comencé a estudiar el tema, inmediatamente me di cuenta de que las preguntas no eran triviales y que alguien había considerado seriamente el problema mucho antes que yo.

Entonces, ¿ya hay estudios? ¿Puedes nombrar alguno de ellos?

Carl Jung es un psicólogo suizo que vivió en el siglo pasado (murió en 1961). Desarrolló la teoría del inconsciente colectivo. Resumiendo lo más posible, nuestra conciencia individual extrae información y conocimiento de un contenedor más grande que no está dentro de nosotros, de hecho no está en ninguna parte porque no es un "objeto", es una realidad psíquica que Jung llama el subconsciente colectivo.

Este depósito de conocimiento es accesible para todos y contiene todas las experiencias de la humanidad desde el primer hombre hasta hoy, almacenadas en forma de arquetipos.

Arquetipo es una palabra que deriva del griego y podría traducirse como "modelo". Los arquetipos son los patrones de comportamiento comunes a toda la humanidad, es decir, si lo prefieres, son programas que guían nuestros comportamientos y fueron escritos por la humanidad que vivió antes que nosotros. De hecho, los actualizamos e integramos nosotros mismos para que sean útiles para la humanidad que vendrá después

¿Puedes dar algunos ejemplos de arquetipos?

Por supuesto. El miedo a la oscuridad, oa la muerte, la preferencia por lo dulce sobre lo amargo, pero también la inclinación hacia ciertas formas de arte o los tabúes del sexo son arquetipos. Luego están las "figuras arquetípicas" elaboradas por Jung en forma simbólica: la Sombra, el Viejo, el Animus o Anima, y muchas otras.

Los arquetipos pueden afectar nuestra conciencia y, cuando lo hacen, se manifiestan de forma críptica. A menudo se manifiestan en forma de coincidencias significativas. Cuando nos involucran una o más coincidencias significativas, según Jung se está produciendo una sincronicidad.

¿Qué es una sincronicidad?

Las sincronicidades son difíciles de interpretar, pero a menudo son una "señal" y pueden guiar no solo a los individuos, sino también a sociedades enteras o a toda la humanidad hacia lo mejor.

Si las sincronicidades tienen estas características, obviamente hay una inteligencia detrás de ellas. Los arquetipos del inconsciente colectivo estarían organizados por una Conciencia universal.

Desde el punto de vista de las filosofías y religiones, no es imposible encontrar analogías entre el inconsciente colectivo de Jung, el Tao de las culturas orientales o el Espíritu de las culturas occidentales.

Su discurso es intrigante, pero ¿qué evidencia hay? ¿Cuál es la opinión de la ciencia?

La ciencia, a partir de 1700 y hasta nuestros días, ha tenido una orientación exclusivamente materialista: todo lo que no se puede medir, pesar y reproducir en el laboratorio no existe, por lo que incluso las teorías de Jung, para la ciencia materialista, son solo ilusiones y fantasías.

De hecho, la física clásica. se basa en unas apuestas insuperables:

- La velocidad de la luz, por lo que nada puede moverse a más de 300.000 km por segundo.

. La flecha del tiempo, por la que en todo acontecimiento hay un antes y un después; todo procede hacia el después y nunca es posible volver a la situación anterior.

- Determinismo, según el cual todo lo que sucede es producido por un evento físico ya su vez determina otros eventos físicos.

Podemos tomar el ejemplo de la mesa de billar con algunas bolas sobre la alfombra verde. Estamos seguros de que ninguna pelota se mueve sola. Es necesario que otra bola, o el taco del jugador, le dé un empujón.

La pelota, mientras se mueve, puede golpear a otras pelotas dándoles empujones. Con el tiempo y la distancia, la energía del empuje cambia de cinética a potencial y el movimiento cesa.

En este marco materialista no hay posibilidad de que alguien pueda hacer que una pelota se mueva con el poder del pensamiento, porque el pensamiento está confinado al cráneo; de hecho, según la ciencia materialista, es un subproducto de las reacciones químicas del cerebro. Por lo tanto, el pensamiento no puede tener ningún efecto fuera del cráneo. Por ejemplo, los fenómenos telepáticos no pueden existir, porque ningún pensamiento puede salir de un cerebro para entrar en otro.

¿Entonces las teorías de Jung son rechazadas por la ciencia?

Con estas premisas parecía que no había esperanza de confirmación para las teorías de Jung, hasta que el científico suizo conoció a Wolfgang Pauli.

Pauli es uno de los padres fundadores de la física cuántica. En 1945 recibió el Premio Nobel de Física.

Sin embargo, anteriormente, mientras enseñaba física teórica en Zúrich, Pauli se encontró experimentando una serie de tragedias. En poco tiempo fue víctima del suicidio de su madre y del divorcio de una esposa recién casada. Esto lo convenció de buscar la ayuda de un psicólogo, y así en enero de 1932 conoció a Jung.

Pauli reconoció de inmediato en la teoría junguiana de la sincronicidad una gran afinidad con el comportamiento de las partículas elementales que estaba estudiando, y entre ambos nació una sociedad cultural que duró treinta años.

Jung y Pauli buscaron durante mucho tiempo el vínculo que pudiera unir la psique y la materia en reconocimiento mutuo. Lamentablemente, en su momento, no lo encontraron.

Entonces, ¿las teorías metafísicas de Jung y Pauli no han sido confirmadas?

Lejos de ahi. En 1982 su aspiración se hizo realidad gracias a otros científicos que verificaron experimentalmente un comportamiento realmente sorprendente de las partículas elementales: En algunos casos, las partículas elementales no obedecen las reglas de la física clásica.

Estos comportamientos indican la posibilidad de la existencia de un nivel de realidad que ya no se basa en la materia, por lo tanto, un nivel "psíquico" que colabora con la materia.

Por supuesto, esto es muy desagradable para el establecimiento científico materialista, que está luchando contra esta idea por todos los medios, pero desafortunadamente para ellos, ahora es una batalla perdida.

El experimento realizado por primera vez en Francia en 1982 confirmó la existencia de un fenómeno que se define, según la costumbre, con el nombre inglés de "enredo". Es una palabra que podemos traducir como "entrelazar" pero la traducimos solo para entendernos, porque algunos términos, como computadoras o teléfonos inteligentes, no se traducen.

Bruno, explica mejor que es el enredo

En resumen, se puede generar un evento en el laboratorio que produzca dos partículas, por ejemplo dos electrones o dos fotones; estos se definen como "correlacionados", porque tienen afinidades, habiendo nacido del mismo evento. Podríamos decir que estas partículas son gemelas.

Las dos partículas tienen la característica de ser complementarias, digamos que una tiene un valor mitad positivo y la otra mitad negativo, pero para entenderlo mejor imaginemos que una es macho, "Antonio partícula", y la otra es hembra, "María partícula".

Imaginemos que somos científicos. Mantenemos a Antonio aquí y movemos a María, la ubicamos a una distancia de mil años luz. Luego tomamos a Antonio y le hacemos cambiar de sexo: Antonio se convierte en Antonietta. Al mismo tiempo, a mil años luz de distancia, María también cambia de sexo y se convierte en Mario.

Este comportamiento contradice completamente la física clásica.

¿Cuáles son las contradicciones?

El cambio de sexo (técnicamente, el cambio de espín) ocurre simultáneamente incluso a mil años luz de distancia, por lo que se ha excedido la velocidad de la luz.

Además, dado que no hay retraso, ni siquiera una milmillonésima de segundo, la flecha del tiempo no tiene influencia. No hay un "antes" y un "después".

Sobre todo, los dos hechos no ocurrieron "por causa", primero uno y luego el otro, sino simultáneamente; por lo tanto, no había causa ni efecto: se desautorizaba el determinismo de la física clásica.

Pero la pregunta del millón que nos tenemos que hacer es esta:

¿Cómo supo María, a mil años luz de distancia, que Antonio iba a cambiar de sexo, para que ella también pudiera cambiarlo al mismo tiempo?

De hecho, es como si la información no hubiera viajado. Es decir, es como si las dos partículas hubieran permanecido siempre juntas, como parte de una inteligencia que unifica todo el universo en una sola cosa, como si fueran parte de un solo cerebro universal.

En aras de la exhaustividad, digamos que el entrelazamiento también se ha verificado en millones de partículas al mismo tiempo, no solo en dos.

Por tanto, podemos decir que si es posible el entrelazamiento entre dos partículas correlacionadas, también lo es entre todas las partículas del universo, porque todas están correlacionadas. De hecho, todos se originaron a partir de un solo evento, el big bang.

¿Cuáles son las posibilidades que surgen de esto?

Salgamos del campo de la física por un momento y entremos en el de la metafísica, como lo están haciendo tantos físicos cuánticos. Puedo citar a David Bohm pero también a Stephen Hawking, aunque la física cuántica no era su campo, era astrofísico.

La existencia de un nivel universal de conciencia a través del cual las partículas se comunican sin límites de espacio y tiempo abre posibilidades que no se podían imaginar hasta hace poco tiempo.

De hecho, nosotros también estamos hechos de partículas que podrían sintonizarse e intercambiar información a través de este nivel. Ya se dan pruebas de diálogo con la conciencia universal a través de las sincronicidades, aunque las comunicaciones que recibimos sean simbólicas.

Dado que una conciencia universal no tendría límites de espacio y tiempo, también serían posibles fenómenos como la telepatía, la premonición y todas las percepciones extrasensoriales.

¿También trata estos temas en sus libros?

Seguramente. Todos los temas que he mencionado aquí están completamente tratados en mis libros, que están disponibles en las principales librerías en línea, tanto en formato impreso como electrónico.

Bibliografía.

Acheson David Milleottantanove e altri numeri magici. Un viaggio sorprendente nella matematica
Allen Steve Inganni della logica
Ambesi Alberto Il panteismo
Amir Dan Aczel Entanglement. Il più grande mistero della fisica. Raffaello Cortina Editore.
Amir Dan Aczel L'equazione di Dio
Amir Dan Aczel Il mistero dell'alef
Anderl Sybilla L' universo e io. Una filosofia dell'astrofisica
Angier Natalie Il canone della scienza. Visita guidata dall'infinitesimale all'infinito per principianti entusiasti...
Anthes Emily Guida rapida per cervelloni: la mente
Arecchi Fortnato Tito I simboli e la realtà. Temi e metodi della scienza
Argentieri Niccolò Ci sono elettroni nel mondo della vita? Esperienza, matematica e realtà. Una lettura fenomenologica dell'epistemologia di Werner Heisenberg
BakerJoanne Fisica quantistica. 50 grandi idee
Barbour Julian La fine del tempo. Einaudi.
Barrow John David Da zero a infinito. La grande storia del nulla. Oscar Mondadori.
Barrow John David L'infinito
Barrow John David I numeri dell'universo
Barrow John David Perché il mondo è matematico? Laterza
Barrow John David Le Origini dell'universo
Barrow John David Le immagini della scienza
Barrow John David Il libro degli universi. Guida completa agli universi possibili
Barrow Tipler Il principio antropico.
Baruccs,Iannaccone, Scacchi La sceinza coatta
Barzaghi Giuseppe Compendio di storia della filosofia
Beitman Bernard I messaggi delle coincidenze.
Bellone Enrico I corpi e le cose
Berti Enrico Storiadellametafisicsa
Bersani R, Peres E. Matematica. Corso di sopravvivenza
Bodanis David $E=mc^2$. Biografia dell'equazione che ha cambiato il mondo
Bersani- Peres Matematica proverbiale
Bocchi G, Ceruti M. Origini di storie
Bohm A. Conrad Le chiavi del cosmo. Storia dell'astronomia dalla meccanica celeste al big bang

Bojowald Martin Prima del Big Bang. Storia completa dell’universo
Borgna Eugenio Il tempo e la vita
Bryson Bill Breve storia di (quasi) tutto
Burgin Luc Errori della scienza
Cambray Joseph Sincronicità. Natura e psiche in un universo interconnesso.
Campbell, Joseph Le distese interiori del cosmo. La metafora nel mito e nella religione
Cantalupi -Santarcan Psiche e realtà
Capra Fritjof Il Tao della fisica.
Capra Fritjof Il punto di svolta
Capra Fritjof Verso una nuova saggezza
Capra Fritjof La scienza della vita
Capra F. Luisi P.L. Vita e natura. Una visione sistemica.
Caranzano Massimil. Prima di noi. Siamo stati creati da una civiltà antidiluviana?
Casati Roberto La scoperta dell'ombra
Cederquist John Le coincidenze non esistono.
Centini Massimo Il megalisismo. Luoghi sacri e di potere
Cesati Cassin Marco Non siamo qui per caso. Il potere delle coincidenze.
Chandrasekhar Sub. Verità e bellezza. Le ragioni dell'estetica nella scienza. Garzanti
Chinnici Giorgio Guarda caso. I meccanismi segreti del mondo quantistico
Chopra Deepak e coincidenze. Sperling & Kupfer.
Clark Michael I paradossi dalla A alla Z
Colpi Monica Notte siriaca
Couliano Joan I viaggi dell’anima
Coustè Alberto Breve storia del diavolo
D’Agostini (Manuali) Illuminismo
Dal Buono Lucio Dall'atomo all'anima. Tutto quello che si deve sapere
Dask Mike Al di là deiconfini
Davies Paul Gli ultimi tre minuti
Davies Paul Sull'orlo dell'infinito. Singolarità nude e distribuzione dello spazio tempo
Davies Paul I misteri del tempo. L'universo dopo Einstein
De Agostini Calendario Atlante De Agostini 2022
De Crescenzo Luciano Ordine e disordine
De Santillana Giorgio
Von Dechend Hertha Il mulino di Amleto. Saggio sul mito e sulla struttura del tempo.
De Santillana Giorgio Sirio
Della Sala-Dewar Mai fidarsi della mente

Donà Massimo Magia e filosofia
Du Sautou Marcus Le teorie impossibili. Quali sono i limiti della scienza?
Du Sautou Marcus L' equazione da un milione di dollari. E altri enigmi matematici che rifiutano di lasciarsi risolvere

Einstein Albert Pensieri, idee, opinioni
Einstein Albert Il mondo come io lo vedo
Federrici Vescovini G. Medioevo magico
Ferrini Federico Le onde gravitazionali. Una nuova porta sul cosmo
Ferris Timothy L' avventura dell'universo. Da Aristotele alla teoria dei quanti e oltre: una storia senza fine
Feynman Richard QED
Feynman Richard Il senso delle cose
Feynman Richard Sei pezzi facili
Fondazione Albertini Prove e indizi dell'aldilà
Ford Kenneth Il mondo dei quanti. La fisica quantistica per tutti. Bollati Boringhieri.
Fosar-Bludorf Ipercoscienza. L'intelligenza nasosta nel DNA
Fraser J. T. Il tempo: una presenza sconosciuta
Frova Andrea Perché accade ciò che accade
Frova Andrea Luce. Una storia da Pitagora ad oggi
Frova Andrea Il cosmo e il Buondio. Dialogo su astronomia, evoluzione e mito
Galfard Cristophe Come capire E=mc2
Galilei Galileo Dialogo dei massimi sistemi
Gamow George Le avventure di mr. Tompkins. Edizioni Dedalo
Gamow George Nuovo Mondo di mr. Tompkins. Zanichelli
Giacobbo Roberto Città segrete
Gleick James Caos. La nascita di una nuova scienza
Goswami Arneb Guida quantica all'illuminazione. Edizioni Mediterranee
Grataloup Christian Atlante storico mondiale. 500 mappe
Greene Brian La trama del cosmo. Spazio, realtà.
Greene Brian La realtà nascosta – universi paralleli e leggi profonde del cosmo. Filosofie delle scienze
Greene Brian L' universo elegante. Superstringhe. dimensioni nascoste e la ricerca della teoria ultima.
Greene Brian Fino alla fine del tempo. Mente, materia e ricerca di significato in un universo in evo
Guido Paolo Da Buddha a Einstein
Harner Michael La via dello sciamano
Harrison Edward Maschere dell'universo

Hawking Stephen L'universo in un guscio di noce. Oscar Saggi Mondadori.
Hawking Stephen La teoria del tutto. Origine e destino dell'universo. Mondadori. +
Hawking Stephen La grande storia del tempo. Mondadori
Hawking Stephen La natura dello spazio e del tempo
Hawking -Mlodinov Dal Big Bang ai buchi neri. Breve storia dell'universo. Mondadori
Hawking Heckler Il grande disegno.
Heidegger, Martin Il concetto di tempo
Heidegger, Martin Che cos'è metafisica?
Higfield, Roger La scienza di Henry Potter
Hillman, James Il codice dell'anima
Hopke Robert Nulla succede per caso. Oscar Mondadori
Huxley Aldous Il mondo nuovo. Ritorno al mondo nuovo.
Jaffè Aniela Sogni, profezie, apparizioni
Jauch J. M. Sulla realtà dei quanti
Johnson Steven Dove nascono le grandi idee. Storia naturale dell'innovazione
Joseph Frank Il potere delle coincidenze. Il punto d'incontro.
Jung Carl L'analisi dei sogni. Gli archetipi dell'inconscio. La sincronicità.
Jung Carl Ricordi e riflessioni.
Jung Carl La dimensione psichica. Raccolta di scritti.
Jung Carl Jung parla Interviste e incontri
Jung Carl L'uomo e i suoi simboli
Kaku Michio Iperspazio
Kaku Michio Il futuro dell'umanità. Dalla vita su Marte all'immortalità, così la scienza cambia il nostro destino
Kane Gordon Il giardino delle particelle elementari. Longanesi
Kinnebriock Werner Dove va il tempo che passa. Fisica, filosofia e vita quotidiana
Koch Christof La ricerca della coscienza
Kornelius Martin Einstein Light
Kosko Bart Il fuzzy-pensiero
Krauss Lawrence L'Universo dal nulla
Krauss Lawrence La fisica di Star Trek
Krauss Lawrence Il cuore oscuro dell'universo. Alla ricerca della «Quinta essenza
Kumar Manjit Quantum. Da Einstein a Bohr, una nuova idea della realtà.
Kundera Milan L'immortalità
Kung Hans Cristianesimo e religiosità cinese. Arnoldo Mondadori editore.

Lalumera Elisabetta Coda sono i concetti
Karel Lambert Introduzione alla filosofia della scienza
Lanternari Vittorio Religione magia e droga
Lanza Robert Oltre il biocentrismo
Lanza R. + Herman Biocentrismo
LaszloErvin La mente immortale
Lazzara Salvatore Vedi alla voce scienzq
Lederman -Hill Fisica quantistica per poeti
Ledoux Joseph Il cervello emotivo
Licata Ignazio Osservando la Sfinge. Di Renzo Editore.
Lindley David La luna di Einstein
Lipton Bruce La biologia delle credenze
Livio Mario La sezione aurea. Storia di un numero e di un mistero che dura da tremila anni
Luc Georg I°l magico nella cultura antics
Luccio Riccardo Dall'anima alla mente. Breve storia della psicologia
Marchi Vittorio La scienza cell'Uno Chiaave dell'universo nascosto
Marconi Momolina Preludio alla storia delle religioni
Mavaldi Marco Le due teste del tiranno. Metodi matematici per la libertà
Mc Taggart Lynne La forza segreta dell'universo. Il campo del punto zero
Mc Taggart Lynne The Bond. Il legame quantico
Mecacci Luciano Identikit del cervello
Mondadori Dizionario della saggezza orientale
Morowitz Harold La nascita di ogni cosa
Mortier Roland Impostori e creduloni nel secolo dei lumi
Motterlini Matteo Trappole mentali. Rizzoli
Mugnos Sabrina L'universo che pensa
Muzzio Editore Caos. Una scienza per il mondo reale
Neumann Erich Soria delle origini della coscienza
Odifreddi Piergiorgio Una via di fuga. Il grande racconto della geometria moderna
Oldstone Moore Capire il taoismo
Overbye Dennis Einstein innamorato. La vita di un genio, tra scoperte scientifiche e passione romantica
Palazzi Pablo La grande illusione
PanekRichard Ilsecoloinvisibile
Pauli Wolfgang Psiche e natura
Peat David Sincronicità. Un connubio tra materia e psiche. Edizioni Magi
Peat David I sentieri del caso
Peiretti Federico Il matematico si diverte. Duecento giochi ed enigmi che hanno fatto la storia della matematica

Pichot André La nascita della scienza. Mesopotamia, Egitto, Grecia antica
Pim van Lommel Coscienza oltre lavita
Pinotti-Baccarini Italia esoterica
Plez Ugo Le scienze perdute
John C. Polkinghorne Teoria dei quanti
Popper Karl L'Io e il suo cervello. Armando Editore.
Powell Arthur Il corpo astrale e relativi fenomeni
Prattico Franco Dal caos… alla coscienza
Radin Dean Menti interconnesse. I fenomeni psichici spiegati dalla fisica quantistica.
Ramorino Felice Mitologia classica
Randall Lisa Passaggi curvi. I misteri delle dimensioni nascoste dell'universo
Rhine Louisa Psicocinesi. La mente domina la materia. Golem Libri.
Reeves Hubert L' evoluzione cosmica
Regge Tullio Infinito
Robinson Richard Perché il toast cade sempre dalla parte imburrata? La brillante spiegazione scientifica delle Leggi di Murphy
Rucker Rudy La quarta dimensione. Un viaggio guidato negli universi di ordine superiore
Roth Reme I cercatori di Dio
Russel Bertrand Dizionario di logica fisica e morale
Russo Lucio La rivoluzione dimenticata. Pensiero scientifico greco
Schoepflin Maurizio 100 filosofi
Schumacher Ernst Una guida per i perplessi
Serra Pietro Dall'anima alla coscienza. Una incursione enlle pieghe della mente
Shapira Haim Otto lezioni sull'infinito
Sheldrake Rupert Le illusioni della scienza. Urra.
Sheldrake Rupert La mente estesa. Urra.
Siegfried Tom Il numero dei cieli. Una storia del multiverso e della ricerca per compredere il cosmo
Singer Charles Breve storia del pensiero scientifico
Sissa ISAS laboratori Caos e complessità
Smith Michael Jung e lo sciamanesimo. Edizioni Amrita
Sparzani e Panepucci Jung e Pauli. Il carteggio originale: l'incontro tra Psiche e Materia. Moretti & Vitali.
Spilli (Manuali) L'illuminismo
Stapp Henry Quantum Theory and Free Will. Springer International Publishing.
Stavros Giosuè Sciamanesimo

Styer Daniel Capire davvero la relatività. Alla scoperta della teoria di Einstein
Tagliagambe Malinc. Pauli e Jung. Un confronto su materia e psiche. Raffaello Cortina Editore.
Tagliagambe Malinc Jung e il libro rosso: il Sé e il sacrificio dell'Io. Moretti & Vitali.
Tagliagambe Silvano Lo sguardo e l'ombra
Talbot Michael Tutto è uno. Feltrinelli
TEA edizioni Storia della scienza moderna e contemporanea. Vol. 3\1: Il secolo ventesimo
Teillard De Chardin Le singolarità della specie umana
Teillard De Chardin Il posto dell'Uomo nella Natura
Teodorani Massimo Bohm. La fisica dell'infinito. Macro Edizioni
Teodorani Massimo La mente creatrice. Dall'universo fisico alla vita intelligente. Macro Edizioni.
Teodorani Massimo Entanglement. L'intreccio nel mondo quantistico: dalle particelle alla coscienza.
Teodorani Massimo Sincronicità. Il legame tra fisica e psiche. Da Pauli a Jung a Chopra. Macro Edizioni.
Teodorani Massimo L'atomo e le particelle elementari. Macro Edizioni
Tipler Frank The physics of immortality. Doubleday.
Tong Ziya Quando guardi il mondo e non lo vedi
Toni Paolo Scintille matematiche. Giochi e gare di creatività e logica
Vacca Roberto Anche tu matematico
Vassallo Nicla Filosofie delle scienze
Vitebski Piers Gli sciamani
Von Franz Marie-Louise Psiche e materia
Von Franz Marie-Louise Divinazione e sincronicità. Psicologia delle coincidenze significative
Von Franz Marie-Louise Tipologia psicologica. Le funzioni della coscienza: pensiero e sentimento, intuizione e sensazione
Von Franz Marie-Louise Le fiabe interpretate
White John L'incontro tra scienza e spirito. Pratiche Editrice.
Widmann Claudio Sincronicità e coincidenze significative. Edizioni Magi.
Widmann Claudio Introduzione alla sincronicità. Edizioni Magi.
Wiener Anna La valle oscura
Wolke Robert Al suo barbiere Einstein la raccontava così. Vita quotidiana e quesiti scientifici
Zeilinger Anton Il velo di Einstein
Zichichi Antonino L'infinito
Zichichi Antonino L' irresistibile fascino del tempo. Dalla resurrezione di Cristo all'universo subnucleare

Del mismo autor.

(A veces bajo el alias de Vicente Cajal)

Todos los volúmenes están disponibles en las mejores librerías online, en formato impreso o en ebooks.

Entrelazamiento cuántico y sincronicidad.

Campos de fuerza, no localidad, percepciones extrasensoriales. Las sorprendentes propiedades de la física cuántica.

238 páginas. 55 ilustraciones.

Muchas veces nuestra vida cotidiana está acompañada de intuiciones y presentimientos. Hay episodios de telepatía u otras sensaciones del alma que acompañan la existencia de los hombres. Estos fenómenos no son raros y afectan a todos. Algunos académicos, con una mentalidad más abierta, querían abordar el tema científicamente. Se preguntaron si hay una manera de entender las experiencias extrasensoriales sin recurrir al ocultismo, la mitología o las filosofías pseudo-religiosas.

La física cuántica proporciona respuestas positivas a esta pregunta. Ahora es seguro que las partículas elementales están conectadas entre sí. El entrelazamiento cuántico confirma que en el nivel de las partículas elementales "todo es uno". En esta unidad podemos reconocer una mente del universo. Tal vez el *Alma mundi* de Platón, o el *Inconsciente colectivo* de Carl Jung. Tal vez el *Tao* de la filosofía oriental. O tal vez una visión completamente nueva de la realidad, que unifica lo material y lo psíquico. El autor, con la claridad de un comunicador experto, involucra al lector en estos temas de reflexión.

El universo es inteligente. El alma existe esiste.

Misterios cuánticos, multiverso, entrelazamiento, sincronicidad. Más allá de la materialidad, para una visión espiritual del cosmos.

Páginas 282. Ilustrado.

Los increíbles descubrimientos de la física cuántica están trastornando completamente los supuestos de la ciencia clásica. Hoy la técnica permite logros sorprendentes. Por ejemplo, las primeras computadoras cuánticas con capacidades de computación casi ilimitadas se están realizando. Algunos apoyan la posibilidad real de viajar en el tiempo. Además de estas innovaciones conocidas por el público en general, hay otras menos conocidas pero no menos importantes. Estas son las novedades derivadas de los estudios cuánticos, entre los que podemos mencionar la "superposición de estados" y el "colapso cuántico".

La "superposición de estados" confirma que la misma partícula se puede encontrar simultáneamente en dos o más lugares. La teoría del "colapso cuántico" confirma que el comportamiento de la materia puede decidirse simplemente por observación. Estas no son suposiciones, sino principios verificados experimentalmente.

Este libro no solo trata con estas innovaciones, sino que da mucho espacio a teorías más avanzadas. Estas son teorías anunciadas pero aún no confirmadas. Además, el libro también evalúa las teorías más arriesgadas, siempre que estén basadas científicamente.

Por ejemplo, el libro habla sobre el multiverso, o teoría de universos paralelos, propuesto por el físico Hugh Everett. De la misma manera el libro habla de no-localidad. Es un espacio psíquico totalmente independiente de las leyes de la física clásica. Como resultado de la no localidad, las partículas elementales, ubicadas a distancias astronómicas, se comportan como si fueran una sola.

Este libro también habla sobre las últimas investigaciones de Roger Penrose, un físico incrédulo, y Stuart Hameroff. Según estos dos científicos, el alma existe y puede identificarse con fluctuaciones cuánticas. Estas fluctuaciones tienen la capacidad de sobrevivir a la muerte física del cuerpo.

Si realmente las "almas" son condensaciones de fluctuaciones cuánticas, podemos formular una pregunta: ¿será posible idear instrumentos que permitan el diálogo con estas fluctuaciones?

El libro expone la investigación de científicos establecidos pero sin usar ninguna fórmula matemática. Las teorías están expuestas de manera simple y comprensible para todos. De esta manera, todos pueden descubrir los aspectos insospechados de la realidad en que vivimos.

Está claro que la física cuántica está decretando el fin del materialismo y el comienzo de una nueva fase cultural, basada en la colaboración entre el espíritu y la materia.

Universo cuántico y sincronicidad.

La visión antrópica. Coincidencias significativas. El inconsciente colectivo.

Edizioni PensareDiverso Copyright 2020. Pagine 278

La física cuántica propone, sobre una base científica, el concepto de un universo en el que cada partícula está conectada con todas las demás a través de un enlace que supera todas las leyes de la física clásica. En este contexto, todas las cosas convergen en un gran proyecto de evolución cósmica, el "Unus mundus". Hoy, muchos científicos conocidos suscriben la "teoría antrópica", según la cual el universo no nació por casualidad, sino que fue creado exactamente con las características que posee para albergar vida inteligente. Los últimos descubrimientos científicos niegan el materialismo e imponen una visión más espiritual del universo en el que vivimos.

La teoría de la sincronicidad fue desarrollada con metodologías rigurosas por el famoso psicólogo Carl Jung. Durante una larga colaboración, Jung obtuvo el apoyo y el aliento de un valioso compañero de estudios, el físico Wolfgang Pauli, que recibió el Premio Nobel en 1945.

La sincronicidad representa un punto de partida muy válido para investigar las razones profundas de algunos eventos que normalmente parecen aleatorios. De hecho, las sincronicidades se manifiestan en la vida de cada uno de nosotros a través de extrañas coincidencias, sueños, intuiciones y presentimientos, para confirmar que nada proviene del azar.

Las sincronicidades descritas por Jung son cadenas de episodios aparentemente aleatorios, que sin embargo contienen un mensaje "numinoso". Aunque la teoría de la sincronicidad se acredita en el campo de la metafísica, los descubrimientos más recientes de la física cuántica han demostrado su plausibilidad científica.

Cada evento, como la serie de epidemias que salpican las últimas décadas, abandona el contexto de la aleatoriedad y adquiere un significado bien definido en la historia de la especie humana. Probablemente la teoría de la sincronicidad es la más adecuada para responder a esta pregunta: ¿el coronavirus representa un evento debido al azar, o contiene un significado que necesita ser revelado? En la parte final, este libro trata los numerosos casos de epidemias que se han desarrollado en los últimos años (Sars, Mers, Hiv, Ebola, Covid-19, etc.) y los ubica en el contexto de una sincronicidad global que está guiando a la humanidad hacia Máximo nivel de complejidad y conciencia

Todos los colores del enredo cuántico.

Desde el mito de la cueva de Platón, a la sincronicidad de Carl Jung, al universo holográfico de David Bohm. La física cuántica rechaza el materialismo y revela el componente espiritual del universo.

Edizioni PensareDiverso Copyright 2018. Páginas 354. 56 ilustraciones.

La humanidad, desde sus inicios, quiso investigar el origen y composición de las cosas, descubrir su funcionamiento y su finalidad íntima.

El método utilizado universalmente es descomponer los objetos en partes cada vez más pequeñas, y luego analizarlas con todas las técnicas posibles, desde la investigación visual hasta las reacciones químicas. Esto todavía sucede hoy. Por ejemplo, si un científico quiere descubrir la estructura química y física de un cubo de granito, lo romperá en pedazos cada vez más pequeños hasta que se divida en átomos individuales.

Sin embargo, si el propio científico quiere investigar las partículas individuales que componen el átomo, recibe una sorpresa increíble. El cubo de granito se comporta como lo haría un cubo de hielo. El científico ve materia que se convierte en niebla, se evapora, desaparece entre sus dedos. La materia sólida se convierte en energía que vibra.

Las partículas individuales se transforman en ondas fluctuantes sin ninguna corporeidad sólida.

A nivel subatómico, la materia ya no es materia sólida, se convierte en algo diferente.

Las partículas elementales nos engañan. Parecen motas sólidas si alguien las observa, pero se comportan como ondas vibratorias cuando no se las observa.

Los átomos prácticamente solo contienen vacío.

En la superficie, creemos que podemos tocar, pesar, manipular y medir la materia. Pero, en su composición más íntima, la materia se convierte en una onda de vacío, energía, información, onda o vibración. Lo que nos parece material sólido, en su esencia más íntima, ya no es material sólido.

En este punto, está claro que ya no podemos hablar de una sola realidad. Dependiendo de los niveles de observación, desde lo extremadamente pequeño hasta lo infinitamente grande, hay muchas realidades, todas diferentes pero todas absolutamente verdaderas.

O, quizás, hay muchos aspectos de una realidad superior, aún desconocidos. Todas las filosofías y religiones siempre han planteado como hipótesis una "zona del espíritu" que trasciende la materia; nadie, sin embargo, ha podido proporcionar pruebas de su existencia. Hoy la física cuántica está abriendo una enorme ventana a horizontes que, hasta el siglo pasado, no podíamos haber imaginado. Las confirmaciones proceden de los experimentos realizados con éxito, especialmente los relacionados con el fenómeno del entrelazamiento cuántico.

Hoy sabemos que hay un nivel de realidad que ya no está sujeto a las limitaciones de la física newtoniana. La física de la materia ya no es suficiente para describir el universo.

La física cuántica demuestra la existencia de un nivel en el que la energía y la información se apoderan de la materia. Este es el nivel "no local". Podríamos definirlo a nivel psíquico o espiritual. En este nivel, una Inteligencia universal interactúa con la humanidad. Los caminos de comunicación con el universo inteligente pasan por el inconsciente colectivo que fue teorizado por Carl Jung.

Las sincronicidades junguianas nos guían en un proyecto evolutivo cultural. Es un proyecto del que estamos empezando a tomar conciencia

Impresión terminada el 20 de octubre de 2022

Bruno Del Medico es bloguero, escritor, editor, especializado en la difusión de temas relacionados con la actualidad social y las nuevas fronteras de la ciencia. Es autor de numerosos textos relacionados con la reciente pandemia y de una serie especializada en física cuántica y metafísica.

.

www.ingramcontent.com/pod-product-compliance
Lightning Source LLC
LaVergne TN
LVHW050056061026
849532LV00001BA/248
* 9 7 9 8 2 1 5 0 5 4 5 3 6 *